基于纳米结晶纤维素复合材料的性能机制研究

张 浩 著

U0268286

黄河水利出版社
·郑州·

图书在版编目(CIP)数据

基于纳米结晶纤维素复合材料的性能机制研究/张浩
著. —郑州:黄河水利出版社,2018.5
ISBN 978 - 7 - 5509 - 2044 - 6

Ⅰ.①基… Ⅱ.①张… Ⅲ.①纳米材料 – 结晶 – 纤维素 – 性
能 – 研究 Ⅳ.①TB383

中国版本图书馆 CIP 数据核字(2018)第 116076 号

出　版　社:黄河水利出版社
　　　　地址:河南省郑州市顺河路黄委会综合楼 14 层　邮政编码:450003
发行单位:黄河水利出版社
　　　　发行部电话:0371 – 66026940、66020550、66028024、66022620(传真)
　　　　E-mail:hhslcbs@ 126. com
承印单位:河南瑞之光印刷股份有限公司
开本:787 mm ×1 092 mm　1/16
印张:11.5
字数:200 千字　　　　　　　　印数:1—1 000
版次:2018 年 5 月第 1 版　　　　印次:2018 年 5 月第 1 次印刷
定价:39.00 元

前　言

随着纳米技术相关领域研究的广泛开展,尺度范围中至少有一维处于 0.1~100 nm 的纳米材料引起广大科研工作者的关注,应用前景广阔。

本书利用催化乙醇法分离获得高纯度木质纤维素,并与酸水解等手段结合制备纳米结晶纤维素,然后用硅烷偶联剂接枝改性纳米结晶纤维素以提高其分散性并制备复合材料,通过对复合材料结构和性能的表征研究其改良机制。

含有 4 - 甲基 - 2 - 戊酮、二甲亚砜和甲酸的新型催化剂体系导致传统乙醇法的木质纤维素提取分离温度显著降低,可在 130 ℃条件下分离获得高纯度、高结晶度的纤维素样品。利用傅立叶变换红外光谱、X - 射线衍射、热重分析、差示扫描量热仪和透射电镜等对以催化乙醇法分离纤维素为原料制备的纳米结晶纤维素进行表征后发现,落叶松纳米结晶纤维素的化学结构完整、结晶结构致密,而且失重温度比毛白杨纳米结晶纤维素高 5.1% ,也表现出较均一的外观形态;利用硅烷偶联剂改性落叶松纳米结晶纤维素以改善其疏水性能,并与脲醛树脂、丙烯酸酯涂料、聚氨酯水性木器漆和酚醛树脂制成复合材料,研究改性剂种类、纳米结晶纤维素用量等因素对复合材料结构和性能的影响规律,结论如下:

将经过 3 - 氨丙基三乙氧基硅烷和 3 - 甲基丙烯酰氧基丙基三甲氧基硅烷改性的纳米结晶纤维素与脲醛树脂复配制成复合材料,3 - 氨丙基三乙氧基硅烷改性纳米结晶纤维素与脲醛树脂基材间的接触角下降 26.4% ,而 3 - 甲基丙烯酰氧基丙基三甲氧基硅烷改性纳米结晶纤维素与脲醛树脂基材间的接触角下降 24.1% ;经过 3 - 氨丙基三乙氧基硅烷改性处理的纳米结晶纤维素具有较强的物理和化学吸附能力,导致胶合板的游离甲醛释放量下降 53.2% ,而 3 - 甲基丙烯酰氧基丙基三甲氧基硅烷改性纳米结晶纤维素的添加使游离甲醛释放量下降 21.3% ;添加改性纳米结晶纤维素对纤维板游离甲醛释放量的改善效果不明显。通过形成稳定的交联网络结构,3 - 氨丙基三乙氧基硅烷改性纳米结晶纤维素使胶合板的内结合强度提高了 23.6% ,而 3 - 甲基丙烯酰氧基丙基三甲氧基硅烷改性纳米结晶纤维素使胶合板的内结合强度仅提高 7.0% ;3 - 氨丙基三乙氧基硅烷和 3 - 甲基丙烯酰氧基丙基三甲氧基硅烷改性纳米结晶纤维素的添加使得纤维板的抗弯强度分别提高了 46.1% 和 35.7%。

利用 3 - (2,3 - 环氧丙氧)丙基三甲氧基硅烷和 3 - 甲基丙烯酰氧基丙基三甲氧基硅烷改性的纳米结晶纤维素与丙烯酸酯涂料复配制成复合材料，两种改性剂分别导致纳米结晶纤维素与丙烯酸酯涂料基材间的接触角下降 22.8% 和 19.6%。分散性较好的 3 - (2,3 - 环氧丙氧)丙基三甲氧基硅烷改性纳米结晶纤维素导致基材镜面光泽度提高 33.3%，明显高于 3 - 甲基丙烯酰氧基丙基三甲氧基硅烷改性纳米结晶纤维素；添加 3 - (2,3 - 环氧丙氧)丙基三甲氧基硅烷改性纳米结晶纤维素的丙烯酸酯复合材料的耐磨性提高达 59.4%，而经过 3 - 甲基丙烯酰氧基丙基三甲氧基硅烷改性的纳米结晶纤维素对复合材料耐磨性的改善效果为 45.3%；纳米结晶纤维素改性剂的不同种类对丙烯酸酯复合材料铅笔硬度的影响较小；改性纳米结晶纤维素对复合材料水分吸收率的影响明显强于乙醇吸收率。

以 3 - 氨丙基三乙氧基硅烷和 3 - (2,3 - 环氧丙氧)丙基三甲氧基硅烷为改性剂处理纳米结晶纤维素，并将改性纳米结晶纤维素添加到聚氨酯水性木器漆中复配，相比 3 - (2,3 - 环氧丙氧)丙基三甲氧基硅烷改性纳米结晶纤维素，经过 3 - 氨丙基三乙氧基硅烷改性的纳米结晶纤维素表面疏水性基团的接枝率更高，其在木器漆基材中的分散状态也更加均匀，而且改性纳米结晶纤维素的结晶结构相对稳定。分析 3 - 氨丙基三乙氧基硅烷改性纳米结晶纤维素/水性木器漆复合材料的性能可知，表面改性纳米结晶纤维素的添加导致复合材料的耐黄变性能比对照组提高超过 50%，镜面光泽度的增强达到 164.8%，同时复合材料的力学性能也得到明显改善。

利用 3 - (2 - 氨乙基) - 氨丙基甲基二甲氧基硅烷和 3 - 甲基丙烯酰氧基丙基三甲氧基硅烷改性纳米结晶纤维素复配酚醛树脂，3 - (2 - 氨乙基) - 氨丙基甲基二甲氧基硅烷改性导致纳米结晶纤维素疏水性能提高更加明显，在基材中分散均匀。通过纳米结晶纤维素颗粒与酚醛树脂分子链间形成的共价键或者氢键连接使基材的机械性能得到明显改善：3 - (2 - 氨乙基) - 氨丙基甲基二甲氧基硅烷改性纳米结晶纤维素导致酚醛树脂复合材料的抗张强度和抗弯强度分别增强 155.5% 和 23.8%，显著高于 3 - 甲基丙烯酰氧基丙基三甲氧基硅烷改性纳米结晶纤维素；但是纳米结晶纤维素的表面改性剂种类对复合材料冲击强度的改善效果影响较小。

以经过 3 - 甲基丙烯酰氧基丙基三甲氧基硅烷改性处理的纳米结晶纤维素颗粒为造孔剂，制备高岭土基多孔陶瓷。当改性纳米结晶纤维素颗粒的用量低于 10.0% 时,多孔陶瓷内部孔隙结构分散均匀,孔径基本稳定在 $0.8 \sim 4$ μm;纳米结晶纤维素颗粒用量增大会导致多孔陶瓷的平均孔径明显增加;多孔陶瓷的显气孔率受造孔剂用量的影响显著:当造孔剂用量较低时,多孔陶瓷的显气孔率随造孔剂用量的增加而显著提高,而较高用量的造孔剂导致的孔隙结构塌缩等现象则使多孔陶瓷显气孔率的提高速率逐渐减慢;多孔陶瓷的抗压强度与多孔陶瓷的孔隙结构有关:随着孔隙结构比例的提高,多孔陶瓷的抗压强度显著下降,但是以分散性能较好的 3 - 甲基丙烯酰氧基丙基三甲氧基硅烷改性纳米结晶纤维素作为造孔剂时,多孔陶瓷的抗压强度下降速度明显慢于利用原始纳米结晶纤维素制备所得的多孔陶瓷。

利用 3 - 甲基丙烯酰氧基丙基三甲氧基硅烷改性纳米结晶纤维素颗粒在连接料基材中的分散状态相对较均匀,但是当其含量达到 2.0% 时可观察到团聚现象的出现。添加改性纳米结晶纤维素颗粒可在连接料基材中引入羟基,同时也会导致位于 $2\,875\ cm^{-1}$ 和 $1\,728\ cm^{-1}$ 的 C—H 及羰基结构单元特征峰吸收强度明显提高。改性纳米结晶纤维素颗粒的添加可显著减少由于连接料分子链降解而导致的重量损失。未添加改性纳米结晶纤维素颗粒的原始连接料经 140 ℃ 老化处理 96 h 后的重量损失率可达 16.6%,而含有 2.0% 改性纳米结晶纤维素颗粒的复合连接料经同等条件处理后的失重率仅为 10.7%。向连接料基材中添加改性纳米结晶纤维素颗粒可有效降低高温处理对连接料涂层镜面光泽度的破坏。在 140 ℃ 条件下对未添加改性纳米结晶纤维素颗粒的原始连接料涂层进行 96 h 的老化处理,则该涂层镜面光泽度的下降幅度可达 79.6%,而将添加了 2.0% 改性纳米结晶纤维素颗粒的复合连接料置于同等老化条件下时其镜面光泽度仅下降了 51.1%。

本书内容包含作者在北京林业大学攻读硕士与博士学位期间(2009 ~ 2014 年)以及在河南工程学院工作期间(2014 ~ 2018 年)的部分研究成果,蒲俊文教授、王延伟教授、辛长征教授以及姜亦飞博士、武国峰博士、曲萍博士、易晓辉硕士、周书珂硕士等人对本书研究内容提供了指导和帮助,在此一并致谢。

由于作者水平和精力有限,书中不足之处在所难免,恳请各位读者不吝赐教。

作 者

2018 年 3 月

目　录

第1章 纳米结晶纤维素基
复合材料研究基础

植物资源作为自然界中储量最大而且可再生的资源种类,主要依靠光合作用所产生的能量而生成,其再生速度为 1 640 亿 t/a,大约相当于十数倍石油资源年产量所产生的能量(蒋剑春,2002);纤维素是植物资源的重要组成部分,多存在于高等植物的细胞壁中,不但储量丰富,而且具有"绿色"环保等独特性质,是自然界中主要的天然高分子物质(陈洪章,2011;Hubbe et al,2008)。纳米材料是近年来兴起的一种功能材料,由于其具有大比表面积、高反应活性等特点受到广大科研工作者的广泛关注,通过一系列的物理或化学处理将天然纤维素制成纳米结晶纤维素,不但可以保持较高的反应活性,同时也可以获得突出的物理和化学性能,是一种应用前景广阔的功能高分子材料,可以为植物资源的利用开辟一条有益的新道路,增强农业、林业与环保之间相互促进作用,从而获得良好的经济效益、社会效益及生态效益,对于推动社会经济发展和改善生态环境,具有重要的现实意义和理论研究价值。

1.1 纤维素概述

1.1.1 纤维素的种类

纤维素(cellulose)作为一种天然的高分子材料,呈长链状,在自然界中分布的区域和范围非常广泛,是一种取之不尽、用之不竭的"绿色"资源(Cheng et al,2009),其分子式为$(C_6H_{10}O_5)_n$,主要结构单元是 D - 葡萄糖基,相邻的基团通过 β - 1,4 - 糖苷键连接(刘仁庆,1985),其主要来源包括高等植物等植株的细胞壁和农林副产品(包括废弃物等)(Bledzki et al,2010;Krishnaprasad et al,2009),分子结构如图 1-1 所示。

随着社会的发展,人们的环保意识以及对环境的要求越来越高,纤维素作为一种"绿色"的功能材料,其应用潜力被逐渐认识。天然纤维素类的原材料经过一定的理化手段处理后可对聚合物基材产生一定的增强效果等,不但可以改善聚合物基材的机械性能,而且可以减少社会进步对不可再生的矿石资

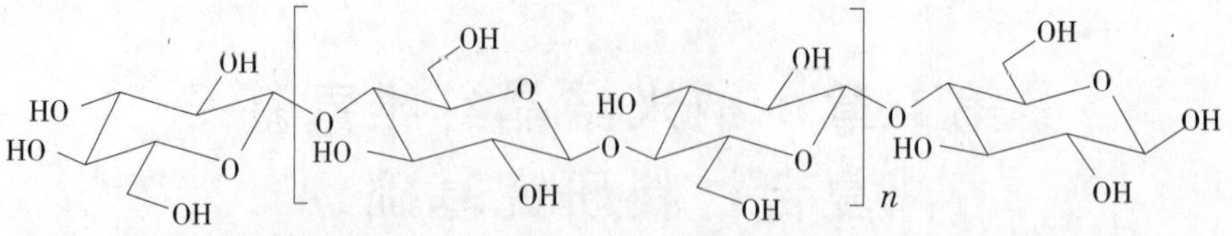

图 1-1　纤维素分子的化学结构式

源等的依赖程度,实现经济发展和环境保护的和谐统一。从大麻、剑麻等植物体内获取的原始天然纤维素原料在汽车制造以及建筑制造业等领域获得广泛的应用(Summersclales et al,2010;Holbery et al,2006;Hapuarachchi et al,2007)。除上述从植物体内直接获取的纤维素原料,来自农牧业废弃物的纤维素(比如常见的稻壳和麦草)等同样具有相对较高的力学和机械强度,对这些材料的利用有利于维持自然界原有化学物质和矿物质的循环轨迹(Pervaiz et al,2003)。我国每年会产生大量基于农业生产的废弃物,其中40%～70%都是可以重复利用的纤维素原料,但是绝大部分却被焚烧或者丢弃,这样的处理既会造成环境污染,也导致了纤维素资源的浪费(Han et al,1996;史雅娟 等,1999)。亚麻、黄麻等植物体茎部的外层韧皮纤维是一种韧性和强度性能都很突出的材料,可以通过与普通的热塑性材料复配而合成新型的聚合物材料,这种复合材料具有韧性好、耐磨性突出等优势(Bledzki et al,2010;Brahim et al,2007)。另外,植物体叶部的纤维形态细长,具有明显优于一般韧皮纤维的抗冲击强度,主要存在于剑麻、棕榈等(Sharkh et al,2004;Jacoba et al,2004)。

1.1.2　纤维素的结构

纤维素独特的大分子结构使其成为一种半刚性的高分子聚合物,位于纤维素表面的活性羟基基团之间极易形成氢键连接(见图1-2),是纤维素大分子具有显著可及性和吸湿性的主要原因,也可以通过分子链间氢键形成的稳定网状结构而提高纤维素分子间的作用力,从而得到排列致密的结晶区(高洁 等,1999;Hinterstoisser et al,2000)。

原细纤维是植物纤维素大分子的基本结构组成部分,而微晶体又是原细纤维的主要组成部分之一(杨淑蕙,2001)。纤维素的晶格类型会由于受到酸水解等物理化学处理的影响而产生不同的变化,产生不同的结晶结构,各种不同类型的结晶结构之间又是可以相互转变的。由原细纤维组成的微细纤维的直径约为数十纳米,其排列的方向性较强,与半纤维素和木素一起组成了细纤维,纤维素的基本结构如图1-3所示。

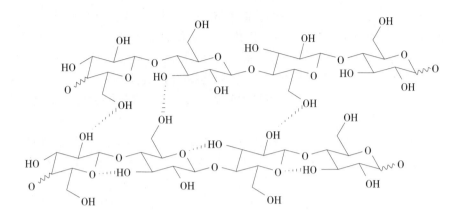

图 1-2　纤维素分子氢键

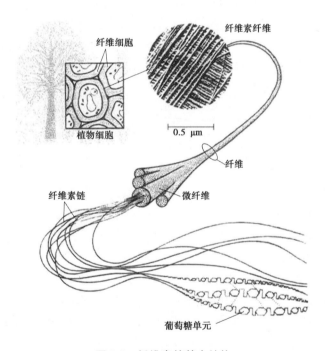

图 1-3　纤维素的基本结构

1.1.3　纤维素的理化性质

1.1.3.1　纤维素的降解

天然纤维素的降解方式主要有氧化降解、酸降解、碱降解等,可使纤维素分子链的聚合度明显下降。Kim et al(2010)通过对 3 种不同纤维素原料的研究发现,纤维素的热稳定性会随着纤维素结晶区含量的增加而明显地提高。在利用钾盐催化纤维素的热降解过程中,王树荣 等(2004)发现纤维素大分子链的断裂被加速。纤维素的酸水解主要是指由于酸性环境下大分子链中β-1,4-糖苷键稳定性的降低而导致纤维素聚合度下降并最终水解至葡萄糖单体的过程。杭志喜 等(2005)探讨了降解过程最高温度、反应时间等因素对纤维素的酸降解效果产生的不同影响。李翠珍 等(2004)利用硫酸处理纤维素,分析实验过程中所使用酸液浓度等条件与纤维素样品聚合度下降之间的关系。

纤维素本身对碱有一定的稳定性,但是在高碱浓度和高温条件下纤维素会发生明显的碱降解(Niemela et al,1986)。纤维素的氧化降解形式种类较多,但是主要可以分为选择性和非选择性氧化两种形式,不同的氧化剂会使纤维素发生不同的氧化反应(许云辉 等,2006)。另外,纤维素在微生物酶的作用下也会发生聚合度下降的现象(杨淑蕙,2001),通常用于水解木质纤维素的酶组分体系包括内切-β-葡萄糖酶、外切-β-葡萄糖酶和纤维二糖水解酶,水解模式如图1-4所示。

图 1-4　纤维素酶水解过程

1.1.3.2　纤维素的力学强度

纳米尺度的纤维素分子链是天然纤维素的主要成分,其中分子链的组成和排列方式是影响纤维素力学强度的主要因素(Mohanty et al,2000)。纤维素分子链中的结晶区结构致密,内部碳、氢、氧之间的共价键和氢键含量丰富,可以显著提高纤维的机械性能。通过 X-射线衍射的测定和计算可得纤维素分子内部共价键和氢键的弹性模量在 140 GPa 附近,但是结晶模型计算的结果表明其模量略大于 140 GPa(Vincent,1982),造成上述误差的原因较复杂,主要是所选用样品的结晶度无法达到 100%,当然纤维素内部复杂结构的排列取向是否一致也是影响纤维力学强度的主要因素之一。另外,所选取样品的含水率也会使实验结果产生波动,缓慢渗入纤维素结晶结构内部的水分会导致结晶区的退化,也就可以使纤维的力学强度明显下降(Summersclales et al,2010)。Krenchel(1964)根据微纤丝缠绕角与纤维素弹性模量间的数量关系,推算并拟合出 $y = \cos^4 \theta$ 的方程,可以仅利用纤维缠绕角的数值推测出力学性能而无须考虑纤维的来源和种类。另外,Virk et al(2010)通过对黄麻纤维的研究结果推断出纤维的力学强度与其外观之间的关系,二者之间存在着确切为对数关系的反比例关系。表1-1列出了几种常见天然纤维组织的机械强度。

表1-1　天然纤维的机械强度

种类	密度(g/cm³)	弹性模量(GPa)	单位弹性模量 (E-Modulus/Density)
大麻纤维	1.48	70	47
亚麻纤维	1.40	70	45
黄麻纤维	1.46	20	14
剑麻纤维	1.33	38	29
棉花纤维	1.51	12	8

1.2　纳米技术及纳米复合材料

当物质的尺度降至0.1 nm以下时为量子物理的研究范畴,而普通经典力学则不同,其研究的尺度范围在100 nm以上,尺度介于这二者之间的材料统称为纳米材料。纳米材料是一种新兴的材料类型,小尺寸和大比表面积导致其具有独特的机械、力学、吸附性等性质(Wegner et al,2006)。纳米技术广义上是指以纳米材料为研究对象的技术,主要的研究对象的尺度范围至少有一维处于0.1~100 nm,处在这个尺度的纳米材料具有与普通材料完全不同的性质,在物理、化学以及生物领域有着广阔的应用前景,可开发出多种功能性材料(Moon et al,2006)。

纳米复合材料的分类依据主要是基材的类型,常见的有纳米纤维以及纳米片层,当然也包括纳米网络状结构等(Schmidt et al,2002)。纳米片层复合材料又可以细分为插层型复合材料和剥落的片状复合材料:插层型复合材料的结构中包含固定的聚合物大分子和纳米级的无机片层,而剥落的片状复合材料结构中的聚合物是可变的。通过改变复合材料的组成可以得到新的材料,由此导致纳米复合材料的发展空间广阔。

与传统复合材料相比,由纳米粒子等合成的纳米复合材料是将至少在一维方向上为纳米的材料与普通聚合物基材复合制备而成,通常纳米粒子的用量很低,但是能使复合材料在力学性能、热降解性能等方面有一定程度的增强(Alexandre et al,2000)。填料和基材的性质是导致纳米复合材料具有不同性能的重要原因,比如依靠刚性填料的外形特征(如长径比)和机械性能(如抗弯强度)等可以对复配而成的复合材料产生显著的影响(Chazeau et al,2003);同时,所选用的高分子聚合物基材的类型、微观结构等因素也是导致其性能改善程度不同的重要原因;另外,合成工艺和手段也能够在一定程度上影响纳米复合材料的性能。

常见的纳米复合体系随着纳米技术的进步而不断发展,比如纳米层状复合体系等。作为在植物原料中广泛存在的组分之一,纤维素是一种非常环保的可再生资源,对其进行深化利用,无论是在减少污染物排放方面还是在提高原材料利用率方面都有着积极的社会效益和经济效益(Eichhorn et al,2001)。与传统的金属或者矿物质纳米粒子相比,利用纤维素制成的纳米材料具有可再生性、无污染性、来源广泛性以及生物相容性等突出优势,其较低的密度、较高的强度、高弹性模量、具有隔音效果、可燃性和突出的反应活性也引起了研究人员的兴趣(Kamel,2007)。碳纳米管的强度达到纤维素基纳米材料的4倍,但是其制造成本却高达其数十倍,因此纤维素基纳米材料是一种性能突出同时又具有经济实用性的新型功能材料。

综上所述,以木质纤维素为原料制备的纳米材料在机械性能、反应活性以及经济性等方面都有较好的表现,同时"绿色"环保,应用前景广阔,可以利用其独特的性质开发出多种多样的纳米复合材料。

1.3   纳米结晶纤维素的制备和应用

纳米结晶纤维素(也被称作纤维素纳米晶体(卿彦 等,2012)、纳米纤维素晶须(Kvien et al,2005;Sturcova et al,2005))是受到科研人员广泛关注的新型纤维素基衍生物之一。纳米结晶纤维素的常规制备过程是:以浆粕等高纯度纤维素或者微晶纤维素为原料,同时经过超声破碎或者高压均质等物理处理以及酸水解等化学处理,在除去非结晶区以提高结晶度的同时,将纤维素原料进行切断和撕裂。纳米结晶纤维素的形貌是物理处理和化学处理共同作用的结果,其直径一般在 20 ~ 50 nm,长度可达数百纳米。纳米结晶纤维素的内部结构中分子链排列致密,强度接近分子结构内部的共价键力,不仅力学强度得到明显改善,而且在光学性能、电学性能等多个方面都有显著改变。纳米结晶纤维素具有多种独特的性质,包括高硬度、低密度、高光泽度、高反应活性等特征,可广泛应用于工业、建筑业、医药、食品等多个领域,具有巨大的潜在应用价值。

纤维素是一种具有超分子结构的天然有机物,其在空间的聚集是一种结晶区和非结晶区交错排列的体系(杨淑蕙,2001),结晶区的排列具有整齐而规则的特点,而非结晶区的排列状态则相对较松散。利用理化手段脱除纤维素中的非结晶区而将结晶区保留可以获得纳米结晶纤维素颗粒(Sadeghifar et al,2011)。纳米结晶纤维素的形貌受到原料种类、制备工艺等条件的影响,利用不同原料制备而成的纳米结晶纤维素颗粒的外观形态如图1-5所示。

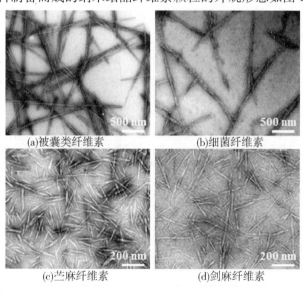

图1-5 不同原料制备的纳米结晶纤维素颗粒

(Yang et al,2006;Vassiliou et al,2007;Garcia et al,2004;Nitta et al,2006)

纳米结晶纤维素是一种备受关注的功能型高分子材料,具有结晶度高、生物相容性好等突出的特点(George et al,2001;Nogi et al,2009;Lee et al,2009)。由于纳米结晶纤维素的表面结构中含有大量羟基以及还原性末端基等反应活性基团,通过表面改性引入疏水性基团可显著降低纳米结晶纤维素颗粒的表面能并提高纳米结晶纤维素在不同基材中的分散性,大幅拓宽纳米结晶纤维素的应用范围。国内外关于纳米结晶纤维素的应用研究已经开展多年,在结构材料、生物工程、食品制造等领域的应用引起了国内外科学工作者的广泛关注(Zhang et al,2011;Zhang et al,2012;唐文睿 等,2010;Czaja et al,2006)。已有部分标志性进展,如2011年加拿大的Domtar Windsor纸厂建立了一个产能为1 t/d的纳米结晶纤维素生产车间。

1.3.1 纳米结晶纤维素的常见制备方法

利用机械、化学以及生物处理等手段脱除纤维素结晶结构中的无定形区从而制备纳米结晶纤维素,常见的制备方法主要包括酸水解法、碱法、生物法、物理法等,下面将做详细介绍。

1.3.1.1 酸水解法

利用酸液水解处理纤维素是一种常见的纳米结晶纤维素制备方法。纤维素中的无定形区结构排列松散,酸液在电离中获得的 H^+ 可以催化断裂纤维素分子链中的糖苷键,从而导致无定形区被破除,但是结晶区则由于结构致密而不利于酸液的渗透作用,在酸水解过程中不容易被破坏而得以保留,所以利用酸水解法可制备出结晶结构相对完整的纳米结晶纤维素颗粒。制备原理如图1-6所示。

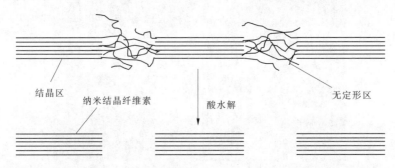

图1-6 酸水解法制备纳米结晶纤维素原理

最早采用酸水解法处理纤维素制备纳米结晶纤维素可以追溯到1947年Nickerson和Habrle利用盐酸和硫酸的混合酸水解木材与棉絮制备纳米结晶纤维素胶体悬浮液(Bondeson et al,2006;Nickerson et al,1947)。盐酸水解只可除去无定形区导致其制得的纳米结晶纤维素颗粒易发生团聚,而硫酸的水解可以在纳米颗粒的表面结构中引入磺酸基团,使纳米结晶纤维素颗粒能够均匀地分散。Gray et al(2006)以硫酸水解为手段,利用不同的原料制备出不同特性的纳米结晶纤维素颗粒,并对其性能进行了全面的研究。Bondeson et al(2006)以云杉为原料,优化其水解条件并得到制取高得率纳米结晶纤维素胶体的方法。

目前，单纯使用酸处理制备纳米结晶纤维素已经不能满足得率的要求，利用辅助手段可显著提高传统酸水解法的制备效率。唐丽荣 等（2011）将超声波作为辅助手段与常规的硫酸水解法联合处理微晶纤维素并用响应面法优化水解过程的工艺，导致纳米结晶纤维素的得率被明显提高至 69.31%。赵煦等（2012）同样利用响应面法作为辅助手段，使纳米结晶纤维素的得率可以超过 50%。刘志明 等（2012）、李金玲 等（2009）则在硫酸水解芦苇浆的同时以间硝基苯磺酸钠作为助催化剂，纳米结晶纤维素的得率明显高于以硫酸铜作为助催化剂时的得率，但是对纳米结晶纤维素形貌的改善效果相对较差。

酸水解法作为一种简单易行的纳米结晶纤维素制备方法，工艺成熟、操作简单，但是由于制备过程中需要用到大量的酸处理，不但对反应设备的耐腐蚀性有较高的要求，增加了生产成本，而且会产生大量的废酸等污染物，回收比较困难。

1.3.1.2　碱法

碱性条件下制备纳米结晶纤维素的原理也是对纤维素的无定形区进行破坏和脱除，主要是利用碱性条件下获得的强氧化性物质对纤维素进行处理，可以避免酸法水解处理的过程中产生的大量废酸，从而降低对环境造成的污染。利用次氯酸碱性水解制得的 ClO^-，能够破坏纤维素超分子结构中的无定形区，但是在一定程度上保留了结晶区结构的完整性，进而提高了结晶区的比例。

$$HClO + OH^- \rightarrow ClO^- + H_2O \qquad (1-1)$$

上述反应方程式为次氯酸在碱性条件下的水解反应，该反应利于显著提高制备所得纳米结晶纤维素颗粒的纯度。唐丽荣 等（2010）将 NaClO 在碱性条件下水解并用来处理微晶纤维素，辅以超声波处理后制成纳米结晶纤维素颗粒。另外，刘志明 等（2011）将碱性溶液和甲苯混合后制成复合物处理纤维素基材料，将纤维素的无定形区破坏以后利用冷冻干燥制备粉体的纳米结晶纤维素。

1.3.1.3　生物法

生物法制备纳米结晶纤维素具有耗能低、污染小等优点，顺应了绿色、可持续发展的时代要求，但是该方法效率较低、对反应条件的要求相对苛刻，限制了其大规模的应用。目前，常见的用于制备纳米结晶纤维素的生物法主要是利用生物酶和细菌这两种微生物。

生物酶解法制备纳米结晶纤维素主要利用纤维素酶，该方法具有很强的专一性,利用纤维素酶选择性酶解纤维素结构中的无定形区而将结晶区保留下来制成纳米结晶纤维素。在生物酶处理纤维素的过程中,会涉及纤维的表面腐蚀以及剥皮反应等,破坏纤维素中细纤维之间的连接键,从而影响数均分子量。利用生物酶法在常温常压条件下制备纳米结晶纤维素,可以在避免对环境产生污染的同时降低对水资源等的消耗,对实验设备的耐受性要求低,但是对实验过程的稳定性有相对苛刻的要求。纤维素酶有多种组成成分,包括对纤维素酶活较低的内切葡萄糖酶以及对于纤维素酶活较高的外切葡萄糖酶等,由于纤维二糖会对纤维素酶解反应起到抑制作用,所以经过纤维素酶系的处理可以将纤维素部分水解并制备出结构完整的纳米结晶纤维素颗粒。Hayashi et al(2005)利用葡萄糖酶系多种组分的协同作用可以制备出以细菌纤维素为原料的纳米结晶纤维素。蒋玲玲 等(2008)首先利用超声波破碎对天然棉纤维进行预处理,然后用纤维素酶处理,可制备出聚合度较低的球状纳米结晶纤维素,但是可保持天然纤维相对稳定的内部结构。刘玲玲 等(2011)把豆渣纤维素作为原料,首先经过酸液的预处理,然后再利用纤维素酶进行水解处理制备出粒度均匀的球状纳米结晶纤维素。纤维素酶解法对实验条件的苛刻要求以及较低的生产效率是制约其用于制备纳米结晶纤维素的主要瓶颈。

另外,也可以利用能够生产纤维素的微生物,如细菌等,合成出细菌纤维素。细菌纤维素的结构和性质会受到培养基及方法的影响,可通过调整培养工艺获得高结晶度的纤维素,但是该方法的生产过程相对复杂、周期过长,在一定程度上制约了细菌纤维素的广泛使用。研究人员早在1986年就以可产生纤维素的木醋杆菌作为培养对象生产出了细菌纤维素(Douglas et al,2008)。科研工作者发现也可以使用阿拉伯糖醇和甘露糖醇作为碳源用于生产细菌纤维素,不同的碳源对所得细菌纤维素的含量影响明显(Jonas et al,1998)。另外,改变细菌培养液的基质组成也会对纤维素的培养产生显著的影响,比如在培养液基质中加入豆类蛋白可以提高细菌纤维素的产量,从而降低其生产成本(薛璐 等,2004)。

1.3.1.4　物理法

天然纤维的结构相对复杂、比表面积较小,不适于作为原料直接用于制备纳米结晶纤维素颗粒,否则可导致化学药品消耗大以及纳米结晶纤维素得率低等现象。利用机械方法进行预处理(如球磨、高压均质(Zhu et al,2011)等)可以对纤维素进行表面撕裂、剪切以降低其尺寸、提高比表面积,显著增强纤维的反应活性,与酸水解法等搭配使用能够大幅度提高纳米结晶纤维素颗粒的制备效率(Moiser et al,2005)。

早期的纳米结晶纤维素制备方法较单一,其中以球磨法等为主。费鹏 等(2012)利用球磨工艺预处理竹纤维使其比表面积增大,可制备出具有高机械强度和高光泽度的纳米竹纤维。当然,也可以先采用化学方法对原始纤维素进行适当的预处理,然后再进行机械处理制备纳米结晶纤维素。Alemdar et al(2008)依次利用化学法和机械法制备出直径为 10 ~ 80 nm 的纳米结晶纤维素。Wang et al(2007)利用类似的步骤以大豆为原料制备出了直径在 100 nm 左右而长度为数百纳米的纳米结晶纤维素。Dinand et al(1999)利用碱性溶液作为预处理手段除去甜菜化学结构中的半纤维素,并以其作为原料经过高压均质法处理后制备出纳米结晶纤维素粉体样品。Spence et al(2010)以针叶材纸浆作为起点,以高压均质的手段对纤维素进行剪切和撕裂进而制备纳米结晶纤维素颗粒,并将上述纳米结晶纤维素制备成膜然后进行成膜性能等领域的对比研究。另外,Henriksson et al(2007)采用酸水解和高压均质相结合的方法处理挪威云杉漂白亚硫酸盐浆,并制备出了纳米结晶纤维素颗粒。

1.3.2 纳米结晶纤维素的表面改性工艺

纳米结晶纤维素应用潜力巨大,但是其表面含有的丰富羟基会导致纳米结晶纤维素分子内和分子间生成大量氢键,从而引发颗粒团聚,尤其是纳米结晶纤维素颗粒在干燥的过程中会由于分子间氢键闭锁导致发生一种不可逆的纤维角质化现象,这种现象很难利用物理方法重新打开,所以未经表面处理的纳米结晶纤维素颗粒难以在有机溶剂或者有机聚合物中达到均匀分散,表面改性是避免纳米结晶纤维素颗粒团聚的有效手段。纳米结晶纤维素的表面改性手段主要包括表面接枝法、硅烷偶联剂法以及表面活性剂改性法等,另外也可以通过化学反应向纳米结晶纤维素表面引入多种疏水性基团(Wang et al,2007)。

1.3.2.1 表面活性剂改性法

在利用表面活性剂对纳米结晶纤维素进行改性的过程中,表面活性剂的亲水性基团吸附在纳米结晶纤维素表面,而将空间位阻较大的疏水性基团暴露,使纳米结晶纤维素由亲水性改为疏水性,可减轻纳米颗粒的团聚并提高其在有机相中的分散性。利用表面活性剂对纳米结晶纤维素颗粒的分散状态进行改善的机制主要是疏水性基团的静电稳定和空间位阻。Podezeck et al(2009)利用非离子型的表面活性剂作为改性剂处理纳米结晶纤维素,能够制备出适合用于生物医药等领域的窄粒径分布而且分散性良好的圆形纳米结晶纤维素颗粒。Bonini et al(2002)利用表面活性剂改性纳米结晶纤维素颗粒,干燥后获得的改性纳米结晶纤维素可以均匀地分散在环己烷中。

1.3.2.2 表面接枝改性法

纤维素改性有多年的研究历史,其中表面接枝改性法是常见的改性方法,纤维素–马来酸酯共聚物等都是纤维素表面接枝改性的主要聚合产物。技术的发展导致表面接枝改性也被应用于纳米结晶纤维素的改性过程。纳米结晶纤维素的化学结构中含有大量的葡萄糖基环,其表面覆盖很多高反应活性的极性羟基,通过表面接枝将疏水性基团引入葡萄糖基环结构中取代上述活性羟基,可以抑制纳米结晶纤维素分子内或者分子间氢键的形成,从而提高其在复合材料基材中的分散性。

丙烯酸接枝纳米结晶纤维素在有机相中的分散性被明显提高,但是丙烯酸单体的接枝率会受到反应条件的明显限制(周刘佳 等,2010;Majoinen et al,2011)。用乙酰基取代纳米结晶纤维素的表面羟基,可以在保持纳米结晶纤维素结晶结构的同时改善纳米结晶纤维素颗粒的团聚现象(林松,2012;Lin et al,2011)。Kyung et al(2009)利用紫外能量来引发以苯甲酮为光引发剂的丙烯酰胺接枝反应,可以显著提高纳米结晶纤维素颗粒的分散能力。Hiltunen et al(2012)、Krouit(2008)在均相反应介质中合成聚甲基丙烯酸二甲氨乙酯以及聚己酸内酯,并利用上述化合物分别接枝在纳米结晶纤维素颗粒的表面,以显著增加其疏水性能。Araki et al(2001)将具有氨基末端的聚乙二醇接枝到纳米结晶纤维素表面可以显著提高纳米颗粒的分散性,冷冻干燥后获得的改性纳米结晶纤维素粉体可以再分散在水或者氯仿中。表面接枝法通过引入新的表面基团,不仅可以提高纳米结晶纤维素的分散性,也可以使纳米结晶纤维素表现出更多的特殊性质。利用丙烯酸铵或者环氧乙烷对纳米结晶纤维素进行接枝改性后均可观察到手性向列液晶相(Yang et al,2012;Kloser et al,2010)。以 Cu(I)Br/PMDETA 为催化剂,将具有热敏性能的 N–异丙基丙烯酰胺通过接枝反应连接到纳米结晶纤维素颗粒表面,以增强复合材料的热敏感性能(Zoppe et al,2010)。在纳米结晶纤维素表面接枝聚苯乙烯可导致改性纳米结晶纤维素颗粒的光学性被明显改善(Yi et al,2009)。

纳米结晶纤维素的表面接枝改性具有可控性,可以根据不同的要求接枝不同的侧链,从而有针对性地改善纳米结晶纤维素的性质,但是由于接枝位点无法确定,而且接枝率一般情况下较低,表面接枝改性纳米结晶纤维素分子量分布的稳定性较差。

1.3.2.3 硅烷偶联剂改性法

硅烷偶联剂实质上是一类具有有机官能团的硅烷,可以作为表面改性剂以改善基材的表面疏水性能,水解硅烷后得到的硅醇可以与纳米材料的表面羟基生成共价键而将疏水性基团引入其表面。王建清 等(2009)用活性硅烷作为改性剂处理纳米 SiO_2 颗粒,在纳米颗粒表面引入的疏水性基团可提高其在纤维素膜中的分散性。

纳米结晶纤维素表面同样含有大量活性羟基,可将硅烷偶联剂用于其表面改性。张浩 等(2011)、佘颖 等(2013)以脲醛树脂和水性聚氨酯为研究对象,对比了不同硅烷偶联剂处理对纳米结晶纤维素浸润性的改善效果。Xu et al(2012)将纳米结晶纤维素与乙醇混合后向溶液中加入硅烷偶联剂进行表面改性,经过改性处理的纳米结晶纤维素颗粒在天然橡胶基材中的界面分散性改善效果显著。Gousse et al(2002)研究发现,当硅烷化程度过高时,纳米晶体内部致密的结晶结构也会发生硅烷化反应,从而导致纳米晶体的晶格退化并引起颗粒形态的变化。硅烷偶联剂水解后的硅醇与纳米结晶纤维素表面羟基的反应方程式如图 1-7 所示。

$$NCC{-}OH + HO{-}\underset{\underset{CH_3}{|}}{\overset{\overset{CH_3}{|}}{Si}}{-}R \longrightarrow NCC{-}O{-}\underset{\underset{CH_3}{|}}{\overset{\overset{CH_3}{|}}{Si}}{-}R + H_2O$$

$$R = n{-}C_3H_7 , \ n{-}C_4H_9 , \ n{-}C_8H_{17} , n{-}C_{12}H_{25}$$

图 1-7 纳米纤维素硅烷化

1.3.3 纳米结晶纤维素复合材料

20 世纪 90 年代后期,纳米纤维复合材料逐渐开始兴起,纳米纤维具有明显优于普通纤维的性能,相比单一组分的材料,纳米纤维复合材料突出的强度性能和结构特点激起了广泛的研究热情,比如碳纳米纤维复合材料、静电纺纳米纤维聚合物等。纳米结晶纤维素作为一种新兴的功能性有机材料,具有高结晶度、高硬度、低密度以及高反应活性等特性,在复合材料领域应用前景广阔。经过表面改性处理的纳米结晶纤维素颗粒可用于制备工程材料、离子吸附材料等,并可以用于制备具有光、磁等多种特殊性能的纤维素功能复合物等,其潜在的用途包括液晶材料、敏感结构件、智能识别系统等。

1.3.3.1 强化复合材料

利用纳米结晶纤维素作为增强相制备复合材料是一种常见的应用形式,

纳米结晶纤维素颗粒的外观形貌、用于制备复合材料的基体性质以及纳米结晶纤维素与基体间的相互作用等都是决定复合材料性能的因素(Ljungberg et al,2005)。李本刚 等(2012)以经过柠檬酸改性的聚乙烯醇薄膜为基材,利用改性纳米结晶纤维素作为增强相可以明显提高复合物的热稳定性和机械性能。利用纳米结晶纤维素颗粒与聚乙二醇制备复合材料可以使其拉伸强度和拉伸模量得到显著的改善(Hamad,2006)。王文俊 等(2012)以纳米结晶纤维素悬浮液为原料,利用二氯甲烷和硝酸制备而得的混合物作为硝化剂处理后可以获得分散性能良好的改性纳米结晶纤维素颗粒,这种经过表面改性处理的纳米结晶纤维素颗粒与硝化纤维素混合后制备得到的复合膜在机械强度等方面比对照组提高超过20%。张浩 等(2011)将经过硅烷偶联剂表面改性处理的纳米结晶纤维素颗粒与脲醛树脂混合,导致脲醛树脂胶黏剂基材的甲醛释放量降低13.0%,弯曲强度提高40.5%,内结合强度提高158.3%。章毅鹏等(2008)采用共凝沉法制备纳米结晶纤维素/橡胶复合材料,其中分散均匀的纳米结晶纤维素颗粒使得天然橡胶的物理机械性能得到明显改善,并且由于改变了天然橡胶的微观结构,导致其储能模量显著增加。

1.3.3.2 热敏复合材料

复合材料在利用纳米结晶纤维素作为增强相的同时,也关注了其热敏感性等方面的应用前景。由于纳米结晶纤维素是纤维素经过剧烈的物理、化学处理后制得的纳米级材料,其比表面积巨大,暴露出大量表面活性羟基,其较高的表面能导致了突出的热能敏感性,可以吸收辐射到复合材料表面的能量而被氧化,进而避免复合材料基材的降解。Azizi et al(2004)将改性后的纳米结晶纤维素颗粒与聚氧化乙烯制备成复合物,该复合物的热稳定性得到显著的提高。Alemdar et al(2008)以淀粉作为基材,将纳米结晶纤维素颗粒均匀分散其中,制备出热稳定性明显高于单一淀粉塑料的新型复合材料。Petersson et al(2007)利用表面改性纳米结晶纤维素颗粒和聚乳酸基材制备复合材料,可以显著提高基材的热稳定性能。

1.3.3.3 光学复合材料

纳米结晶纤维素颗粒的高透光性、高结晶度等特性导致的优良光学性能在材料领域有较大的应用潜力。纳米结晶纤维素颗粒制成的稳定悬浮液在磁场的作用下会发生明显的定向排列现象,这种排列导致该悬浮液具有手性向列液晶相的性能,可以用于制备荧光变色油墨以及防伪标志等(Hamad,2006)。Cranston et al(2006)利用静电法制备的纳米结晶纤维素/聚丙烯胺盐酸盐的复合物薄膜是一种机械和光学性质可调节而且其化学结构也可以控制的复合型膜材料。另外,由于纳米结晶纤维素具有极大的比表面积,暴露出的羟基是反应活性较高的基团,其对紫外辐射较为敏感,可在复合材料受到光照的时候发生氧化,从而消耗一部分紫外能量,避免复合材料基材的老化(Zhang et al,2014)。由于纳米结晶纤维素中结构致密的结晶区含量较高而且可以与聚氨酯基材分子链间形成网络结构以增强基材对光线的反射能力,所以纳米结晶纤维素/聚氨酯复合材料的镜面光泽度可以被显著提高(Zhang et al,2012)。纳米结晶纤维素独特的结晶结构及其较高的反应活性是改善复合材料光学性能的主要原因,也是前景非常广阔的涉及纳米结晶纤维素的一个研究领域。

1.3.3.4 生物复合材料

作为一种天然高分子材料,纳米结晶纤维素具有可生物降解以及生物相容性等特点,导致其可以用于制备生物复合材料,在"绿色"材料产业和生物医药产业等领域都有着较大的应用价值。在纳米结晶纤维素表面引入硅、酯等基团后可以作为医用或者生物用液相色谱柱等的填充材料(De et al,2004)。利用纳米结晶纤维素颗粒的生物降解性能等可以制备出可完全降解的新型聚合物,如淀粉基、聚乳酸基复合材料等(甄文娟 等,2008;Chuayjuljit et al,2009)。万怡灶 等(2011)研制出的细菌纤维素基复合材料独特的三维网络结构可以用于合成人体软骨组织的替代材料。由于纳米结晶纤维素含有大量活性基团,可以牢固地吸附药物分子,所形成的药片虽然不易吸湿,但是却可以迅速崩解,因而可用作药品的赋形剂和崩解剂,制作嚼片以及糖衣片等。纳米结晶纤维素也可以用来制作人工皮肤、人工血管,以及用于牙齿再生等方面,潜力巨大。另外,由于纳米结晶纤维素是一种天然高分子材料,也被用来作为食品添加剂,比如稳定剂和增稠剂等(吴开丽,2010)。

1.4 纳米结晶纤维素复合材料的发展前景

作为一种新兴的天然高分子功能材料,纳米结晶纤维素不但具有突出的理化性能,同时也具有可生物降解性以及生物相容性等无机纳米材料无法比拟的优势,可用于制备增强型、吸附型以及可生物降解型材料等,并最终制备出性能突出的、环保的"绿色"复合材料。

以纳米结晶纤维素为基础制备的复合材料,不仅在力学、光学和反应性能等方面有突出的表现,同时也可以在生物医用领域大有作为,比如利用其制备组织修复材料(如可吸收的医用薄膜,可以用于肌腱修复以及神经导管的术后修复等)、骨折的内部固定材料以及可吸收的手术缝合线等。另外,也可以通过表面改性的手段在纳米结晶纤维素表面同时引入功能性基团(如光敏性、导电性等)和疏水性基团,或者直接引入具有特殊功能的疏水性基团(如抗菌性),在提高纳米结晶纤维素分散性的同时,使纳米结晶纤维素的表面改性趋向多功能化。关于纳米结晶纤维素复合材料的开发和研究对未来"绿色"、环保、高性能复合材料的发展具有重大的意义和深远的影响。

1.5 本研究的目的、意义和主要内容

1.5.1 目的和意义

目前,纳米结晶纤维素的制备多以经过纯化的纤维素(如微晶纤维素等)作为初始原料,在 50 ~ 80 ℃范围内经过酸水解等物理和化学处理手段制得,而纤维素常规分离方法(包括硫酸盐法、亚硫酸盐法、有机溶剂法等)的分离温度基本都在 170 ℃以上。纤维素分离段与酸水解段的生产工艺条件差距较大是造成纳米结晶纤维素难以实现以木片为原料的连续生产的原因之一。本研究利用一种新型的催化剂体系,显著降低了传统乙醇法分离木质纤维素的最高温度,在保证分离纤维素样品纯度的同时,避免了纤维素的结晶区在分离过程中被破坏。将上述催化乙醇法与酸水解法结合,可以初步实现一种以木片为原料的纳米结晶纤维素连续生产工艺。

另外,纳米结晶纤维素具有突出的理化性质,在功能高分子材料领域的应用潜力巨大。本研究在涉及纳米结晶纤维素力学特性的基础上,着重分析了纳米结晶纤维素的高反应活性、高透光性以及大比表面积等特点对复合材料性能的影响。利用纳米结晶纤维素制备出新型的甲醛消纳剂,在降低脲醛树脂游离甲醛释放量的同时提高其胶合强度;利用经过表面改性处理的纳米结晶纤维素改善丙烯酸酯涂料的镜面光泽度和强度性能;利用纳米结晶纤维素表面的活性羟基对紫外辐射能量的不稳定性,在提高聚氨酯水性木器漆力学性能的同时,改善其耐紫外黄变性能;单组分酚醛树脂的力学性能突出,但是其脆性却限制了其应用,利用纳米结晶纤维素的高反应活性和高结晶度增强酚醛树脂基材的韧性。

1.5.2 主要研究内容

本研究以新型的催化剂体系与常规乙醇法相结合,可在低温下对木质纤

维素进行分离提取,并以该纤维素样品作为酸水解原料,初步实现一种以木片为起点的连续制备纳米结晶纤维素的工艺流程;然后对通过上述流程制备所得的纳米结晶纤维素进行表面接枝改性,利用表面改性后的纳米结晶纤维素制得一系列新型的功能性复合材料,并研究其性能改良机制。

(1)首先研究了以4-甲基-2-戊酮、二甲亚砜、甲酸为主要组分的催化剂体系对毛白杨和落叶松木材组分乙醇法分离过程的优化,分析了催化剂配比、分离温度、保温时间以及液比等因素对分离所得纤维素样品的综纤维素含量和α-纤维素含量的影响规律,并根据分离样品的纯度选择最优的分离条件,然后利用傅立叶红外、X-射线衍射和热重分析等方法对最优的纤维素分离样品进行表征;另外,对催化乙醇法分离木素样品进行 ^{13}C 核磁共振的定性分析。

(2)以催化乙醇法分离纤维素为原料,结合酸水解、超声破碎、高压均质和冷冻干燥等手段制备纳米结晶纤维素。利用傅立叶红外、X-射线衍射、热重分析、差示扫描量热仪分析和透射电镜对纳米结晶纤维素粉体进行化学结构、结晶结构、热稳定性以及外观形态等方面的表征,探讨其分别以毛白杨纤维素和落叶松纤维素为制备原料时对纳米结晶纤维素性能的影响。

(3)制备纳米结晶纤维素/脲醛树脂复合材料。利用3-氨丙基三乙氧基硅烷和3-甲基丙烯酰氧基丙基三甲氧基硅烷对纳米结晶纤维素进行表面接枝改性,对改性后的纳米结晶纤维素进行接枝率、表面浸润性以及热稳定性的测定;利用共混法制备纳米结晶纤维素/脲醛树脂复合材料,并以扫描电镜观测其外观形态,然后以纳米结晶纤维素/脲醛树脂复合材料制备胶合板和纤维板,并按照《人造板及饰面人造板理化性能试验方法》(GB/T 17657—2013)和《普通胶合板》(GB/T 9846—2015)分别对其进行游离甲醛释放量、内结合强度和抗弯强度等的测定,探讨表面改性纳米结晶纤维素对脲醛树脂性能改善的作用机制。

(4)制备纳米结晶纤维素/丙烯酸酯涂料复合材料。利用3-(2,3-环氧丙氧)丙基三甲氧基硅烷和3-甲基丙烯酰氧基丙基三甲氧基硅烷对纳米结晶纤维素进行表面接枝改性,以提高其对丙烯酸酯涂料基材的相容性,通过接枝率和接触角的表征得到改性工艺对纳米结晶纤维素性质的影响规律。利用扫描电镜观测纳米结晶纤维素/丙烯酸酯涂料复合材料的分散状态,按照《色漆和清漆 铅笔法测定漆膜硬度》(GB/T 6739—2006)、《色漆和清漆 不含金属颜料的色漆漆膜的20°、60°和85°镜面光泽的测定》(GB/T 9754—2007)和《色漆和清漆 耐磨性的测定 旋转橡胶砂轮法》(GB/T 1768—2006)等所述的方法对纳米结晶纤维素/丙烯酸酯涂料复合材料的镜面光泽度、耐磨性能、铅笔硬度、抗水性能和抗乙醇性能进行检测,分析表面改性纳米结晶纤维素的添加改良丙烯酸酯涂料基材性能的机制。

（5）制备纳米结晶纤维素/聚氨酯水性木器漆复合材料。使用不同用量的 3 - 氨丙基三乙氧基硅烷和 3 - （2,3 - 环氧丙氧）丙基三甲氧基硅烷对纳米结晶纤维素进行表面接枝改性,对改性纳米结晶纤维素的接枝率、结晶度以及表面浸润性进行表征,并利用扫描电镜观测聚氨酯水性木器漆复合材料中改性纳米结晶纤维素颗粒的分散状态,按照《室内装饰装修用水性木器涂料》（GB/T 23999—2009）、《色漆和清漆 不含金属颜料的色漆漆膜的 20°、60°和 85°镜面光泽的测定》（GB/T 9754—2007）、《色漆和清漆 铅笔法测定漆膜硬度》（GB/T 6739—2006）和《色漆和清漆 耐磨性的测定 旋转橡胶砂轮法》（GB/T 1768—2006）所述的方法测定上述复合材料的耐黄变性能、镜面光泽度、铅笔硬度和耐磨性,并分析复合材料的组成与其理化性能间的关系。

（6）制备纳米结晶纤维素/酚醛树脂复合材料。3 - （2 - 氨乙基）- 氨丙基甲基二甲氧基硅烷和 3 - 甲基丙烯酰氧基丙基三甲氧基硅烷被用作纳米结晶纤维素的表面改性剂,对改性纳米结晶纤维素的表面接枝率及其与酚醛树脂基材的接触角进行表征,利用扫描电镜观测纳米结晶纤维素/酚醛树脂复合材料的外观形态并对其结晶结构进行测定,按照《树脂浇铸体性能试验方法》（GB/T 2567—2008）所述方法测定不同纳米结晶纤维素含量的酚醛树脂复合材料的抗张强度、抗弯强度和冲击强度,并探讨复合材料中改性纳米结晶纤维素对性能改善的作用原理。

研究内容如图 1-8 所示。

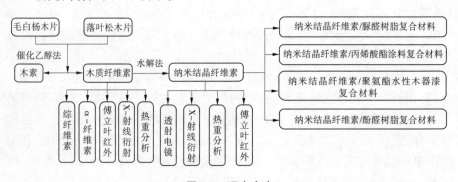

图 1-8　研究内容

第 2 章　催化乙醇法低温分离
提取木质纤维素

2.1　木质纤维素研究现状

随着社会的不断发展,环境的污染和自然资源的匮乏已经成为可持续发展过程中不可忽视的问题,储量丰富的可再生资源逐渐成了人们关注的焦点。纤维素作为一种可再生的天然高分子材料,具有无毒、无污染等优势,引起了研究人员的广泛关注(Hubbe et al,2008)。一种有效的纤维素分离手段是充分利用其潜在价值的前提条件。

以木片为原料时,不同的分离方法会对所得到的纤维素的形态以及结构产生不同的影响。常规纤维素分离方法主要包括硫酸盐法、烧碱法以及碱性亚硫酸盐法等,上述方法又被称为传统的碱法制浆(詹怀宇,2009)。随着木材组分分离工艺的发展,在传统方法的基础上有新的分离方法出现,比如利用碱性亚硫酸盐 – 蒽醌对木片进行蒸煮处理可以分离获得高纯度的纤维素(Franco et al,2012);也可以利用碱溶液处理木片分离获得纤维素,该过程中的脱木素阶段是可控的(Shulga et al,2012;Kakola et al,2008)。另外,生物酶解法是一种新兴的、非常有吸引力且环境友好的纤维素分离方法,纤维素酶和木素降解酶可以用来分离木材中的纤维素和木素,但是其分离效率会明显受到生产环境的影响(Ke et al,2011;Nonaka et al,2011)。

木素是 1838 年法国植物化学家 Payen 用硝酸和碱处理木材时发现的。后来,随着造纸技术的发展,木素逐渐被人们所认识,木素在 20 世纪初期被用来定量,木素模型物的研究和脱氧聚合等的研究都加大了对木素的研究程度。直到 20 世纪 80 年代,研究人员才基本认清了木素的结构,与此同时,与木素相关的应用也受到了广泛的关注。如今,在世界面临能源危机的大背景下,对木素的研究和利用显得尤为重要,木素化学在国民经济中的地位将不断提高。

普遍认为,木素只含有 C、H、O 三种元素,但也有资料显示,木素中含有微量的其他元素(杨军 等,2002)。木素结构非常复杂,由于植物原料的不同、产地的不同、分离方法的不同、提取部位的不同等都可能导致木素结构的差异。

一般情况下,将木素大致分为阔叶木木素、针叶木木素和草类木素三大类。阔叶木一般指双子叶植物类的树木,包括杨树、桉木、槐树等,它们的木素结构主要由 G 型和 S 型单元构成,此外还包含少量的 H 型单元(Lin et al,2011)。针叶木如松树、杉木等,其木素结构主要由 G 型单元组成。草类木素也主要含有 G 型和 S 型单元,但还包括一定量的阿魏酸和对香豆酸成分,这一类原料主要有蔗渣、玉米秸秆、小麦秸秆等,来源相对丰富。现有研究表明,木素的分子量有 45% 在 1 000~20 000 范围内,50% 在 20 000~50 000 范围内(陶用珍等,2003)。

由于植物具有较为复杂的结构,因此采用不同的试剂将木素分离出来,但由于溶剂的不同、植物种类的不同以及在提取过程中木素本身所发生的变化,一种木素结构难以代表所有的木素结构。因此,在分离过程中,将采用较为温和的试剂,在适宜的条件下,力求在确保原本木素结构的条件下将木素分离出来。目前,分离木素的方法大致有两种:一种是先除去纤维素和半纤维素组分,进而将木素沉淀出来。另一种是直接用溶剂将木素从木质纤维中抽提出来,如:①布劳斯木素(天然木素和诺德木素,Brauns Lignin 是将目的木粉依次用水和乙醚提取,然后用 95% 的乙醇抽提,将浓缩液沉淀在水中,然后在乙醚中精制而得到,但这种木素含有多糖聚砜等杂质,不能代表原本的木素。②贝克曼木素(MWL),首先将脱酯后的木粉球磨,用水 - 二氧六环溶液进行抽提,浓缩后得到粗的 MWL,但此木素含有较多的糖分,要经过乙酸 - 水溶解→沉淀于水中→离心→溶解于 1,2 - 二氯甲烷:乙醇中→沉淀于乙醚中→残渣溶于石油醚中→离心→冷冻干燥,多步洗漆和纯化手段,才能得到纯度较高的木素组分。可以在球磨时往木粉中加入甲苯等非润胀性溶剂,目的是在很大程度上破坏细胞结构,提高木素的得率。但经过多步纯化处理,MWL 的得率一般较低,不到全木素的 50%,含有微量的糖,提取的 MWL 是黄褐色非晶体粉末。但球磨时间过长会导致木素组分的重新聚合,球磨也会导致 β - 芳基醚键的断裂而产生新的酚羟基,侧链发生氧化得到更多的 α 酮羰基。③纤分解酶木素(CEL),球磨后的木粉经过纤维素酶和半纤维素酶处理后,用水 - 二氧六环溶液提取得到,此木素得率较高,而且纯度较 MWL 提高(Chang et al,1975)。CEL 和 MWL 的结构相似,但 CEL 的得率高、降解程度较小,更能代表木素的总体结构(Chang et al,1975;Pew,1957)。为了比较 CEL 和 MWL,Chang et al(1975)首先提取 MWL,接着用纤维素酶来处理剩余的残渣,随后用 96% 的二氧六环溶液提取 CEL,通过一系列结构分析和对比二维核磁谱图得到具有较多的缩合结构 CEL,说明了 MWL 中的木素主要来自植物细胞的胞间层。因此,推断 CEL 比 MWL 更能代表木素的结构。④最近几年,Wu et al(2003)提出一种提高木素得率和纯度的方法。该方法是先将木粉在溶解有纤维素酶和多糖酶的缓冲液中酶解 48 h,随后将残渣滤出,用热的酸水洗漆,接着用 85%的二氧六环含 0.01 M HCl 溶液在 86 ℃下提取 3 h,滤液用碳酸氢钠调节 pH 至中性,再将滤液逐滴加入 1 L 酸性去离子水中,沉淀得到酶酸解木素 EMAL。研究表明,此法能有效地在温和条件下将木素与碳水化合物之间的化学键断裂,使 EMAL 比 MWL 和 CEL 得率更高,且纯度更高,而且更接近木素的原本结构。目前,这种方法已经在非木材原料的预处理中发挥了重要的作用,为大量地提取及研究木素创造了条件,应用前景较好。⑤醇木素,这种木素是利用不同的高沸点醇作溶剂来提取木素组分。提取试剂如乙二醇、丁二醇等,此方法的优点是木素产率较高,而且醇溶剂可以回收循环使用,减少了对环境的污染。

有机溶剂制浆作为一种常见的制浆方式,其对自然环境的破坏较小。通过有机溶剂将木片中的纤维素和木素等以溶解的方式分离,可以保证各分离组分的结构相对完整,有利于使用该分离纤维素制备纳米结晶纤维素以及对分离木素进行进一步的深化利用。传统的有机溶剂法分离纤维素对原料有较高的要求,不同的原料需要不同的溶剂体系,比如乙醇在处理麦草秸秆的时候可以有效地分离纤维素,但是甲醇的脱木素能力则会受到反应条件的影响(Li et al,2011;Yue et al,2012)。利用氧脱木素等方式作为辅助手段可以显著提高有机溶剂法分离桉树纤维素的效率(Neto et al,1994)。另外,木材的降解产物也可以被碱液和有机溶剂的混合体系分离(Amen-Chen et al,1997)。

作为传统的有机溶剂制浆法之一,乙醇法是一种"绿色"、环保的木材组分分离方法(张美云 等,2007),其分离过程中的溶剂是乙醇,分离效果较好且可回收,但是分离过程所需温度较高,如自催化的 Alcell 技术所需要的蒸煮温度可达 190 ℃以上,Kleinert 制浆技术所需温度为 195 ℃,即使采用添加助剂作为辅助的蒸煮温度也在 160 ℃左右,分离过程中的高温会破坏木材组分的结构且造成能量的大量消耗,由此产生的化学助剂污染、能量消耗以及木材组分的结构破坏等是限制乙醇法制浆的主要瓶颈,制约了该方法分离纤维素和木素的功能化应用(Mannisto et al,1979)。本研究以 4 - 甲基 - 2 - 戊酮、二甲亚砜、甲酸等配制成催化剂体系,用来改善传统乙醇法分离过程中木素的脱除效率,并且提高戊聚糖的溶解度,实现在低温条件下高效分离木片中的木素和纤维素,由于溶剂体系的弱酸性可对纤维素进行多相水解,导致分离纤维素的结晶度被提高(Zhang et al,2011),并通过分析不同配比催化剂 - 乙醇溶液分离纤维素的性能研究分离条件对产物的影响规律。

2.2 木质纤维素的分离

2.2.1 材料和试剂

本章所需材料为毛白杨和落叶松木片,其中毛白杨购自河北省,落叶松购自内蒙古,两种木片的规格均为长×宽×厚 = 20 mm × 10 mm × 3 mm。毛白杨和落叶松木片的化学成分分析如表 2-1 所示。

表 2-1 毛白杨和落叶松木片的化学成分分析

种类	综纤维素(%)	木素(%)	聚戊糖(%)	灰分(%)	水分(%)
毛白杨	76.82	22.75	19.86	0.87	8.57
落叶松	74.38	24.61	10.35	0.35	10.29

本章所使用化学试剂如表 2-2 所示。

表 2-2 化学试剂

试剂名称	分子式	生产厂家
二甲亚砜(Dimethyl sulfoxide)	C_2H_6SO	北京化工厂
4 - 甲基 - 2 - 戊酮 (4 - methyl - 2 - pentanone)	$C_5H_{12}O$	北京化工厂
甲酸(Formic acid)	CH_2O_2	北京化工厂
无水乙醇(Ethanol)	C_2H_5OH	北京化工厂

试验中所用原料都没有经过任何提纯处理,所有试剂均为分析纯,所用水均为去离子水。

2.2.2 仪器和设备

本章所用仪器和设备规格及来源如表 2-3 所示。

表 2-3　仪器和设备规格及来源

仪器名称	型号	生产厂家
电子天平	FA1004N	上海精密科学仪器有限公司
电热磁力搅拌器	RCT 基本型	广州仪科实验室技术有限公司（IKA 中国分公司）
全自动新型鼓风干燥箱	ZRD－7230	上海智城分析仪器制造有限公司
油浴锅	自制	中国制浆造纸研究院
傅立叶变换中红外（FT－IR）	Tensor7	德国布鲁克公司（Bruker）
X－射线衍射仪（XRD）	XRD－6000	日本岛津公司（Shimadizu）
热重－差热分析仪（TG）	DTG－60	日本岛津公司（Shimadizu）

2.2.3　木材组分研究方法

2.2.3.1　木质纤维素和木素的分离工艺

将毛白杨木片和落叶松木片在 105 ℃ 的温度下置于鼓风干燥箱中干燥 48 h 备用。按照表 2-4 的配比制备催化乙醇法分离木材组分用的乙醇－催化剂体系,混合均匀后与木材切片一起放入体积为 1.2 L 的不锈钢蒸煮罐中,每罐添加木片的绝干质量为 100 g。

表 2-4　乙醇－催化剂体系的配比

组号	乙醇（%）	4－甲基－2－戊酮（%）	二甲亚砜（%）	甲酸（%）	水（%）
1	40	5	20	10	25
2	40	10	15	10	25
3	40	15	10	10	25
4	40	20	5	10	25

分离过程中所选择的液比为 1:8 和 1:10,分离过程最高温度分别选择 120 ℃、130 ℃、140 ℃ 和 150 ℃,木材组分分离过程的升温曲线为升温时间 90 min,保温时间分别为 120 min 和 150 min。将分离纤维素进行热置换洗涤,洗涤过程利用体积分数为 55% 的乙醇溶液,洗涤温度为 60 ℃,洗涤液比为 1:20,洗涤终点为乙醇洗液无色透明。向过滤后的催化乙醇法蒸煮液中加入蒸馏水,

溶解在蒸煮液中的木素即析出,将木素过滤烘干并研磨至 100 目后备用。

2.2.3.2　木质纤维素和木素结构性能的表征方法

　　将乙醇 - 催化剂体系分离得到的毛白杨和落叶松纤维素样品在 105 ℃下烘干 24 h,然后根据《造纸原料综纤维素含量的测定》(GB/T 2677.10—1995)和《纸浆 α - 纤维素的测定》(GB/T 744—2004)所述方法对该纤维素中的综纤维素含量和 α - 纤维素含量进行测定。综纤维素含量的测定需要将 2 g 烘干的催化乙醇法分离纤维素样品分散在 65 g 蒸馏水中,并向纤维素溶液中加入冰醋酸和亚氯酸钠,在 75 ℃下除去样品中残留的木素后将样品用蒸馏水洗涤至中性,然后将样品烘干称重计算综纤维素含量;α - 纤维素含量的测定需要首先用浓度 175 g/L 和 95 g/L 的 NaOH 溶液对催化乙醇法分离纤维素样品进行纯化处理,以除去样品中残余的木素及半纤维素,然后将纯化的纤维素样品用 2 mol/L 的醋酸溶液浸泡并在 105 ℃下烘干、称重,计算 α - 纤维素含量。上述反应均在 20 ℃的条件下进行。

　　以不同条件分离所得纤维素样品的综纤维素含量和 α - 纤维素含量为标准,选择最优的纤维素分离工艺,以在低温下分离获得高纯度的木质纤维素,分别采用傅立叶变换红外、X - 射线衍射和热重分析对利用最优分离工艺所得纤维素样品进行理化性能表征:分离纤维素的官能团由傅立叶变换红外光谱进行检测,采用 KBr 压片法,将分离纤维素和 KBr 按照 1∶120 进行混合后研磨至 200 目并在 12 MPa 下压片,傅立叶变换红外光谱扫描范围是 4 000 ~ 400 cm^{-1},扫描次数为 64 次;分离纤维素的结晶结构利用 X - 射线衍射仪进行测定,扫描速度为 2°/min,步幅 0.05°,扫描范围是 5° ~ 45°,结晶度通过计算不同角度衍射峰的比例获得;分离纤维素的热行为利用热重 - 差热分析仪进行测定,使用氮气保护,氮气流量为 20 ~ 30 mL/min,压力为 0.3 MPa,检测过程中保证连续通氮气,并以 10 ℃/min 的速率从 30 ℃升温到 500 ℃;催化乙醇法分离获得的木素的结构表征利用 ^{13}C 核磁共振进行,测试频率为 100 MHz,80 mg 样品被溶解在 0.5 mL 的 DMSO - d_6 溶液中,谱图在 25 ℃条件下扫描 3 000 次。

2.3　木材组分表征

2.3.1　催化乙醇法分离提取木质纤维素

2.3.1.1　催化乙醇法分离提取木质纤维素的影响因素

　　阔叶木和针叶木在结构上存在着明显的不同:阔叶木组织结构复杂,除纤维细胞外还具有管胞、导管、木射线以及薄壁细胞等多种复杂的组织结构,而针叶木的组织结构相对简单,其中约95%以上都是纤维细胞,并有少量的木射线,一般不含有导管(杨淑蕙,2001)。不同的木材原料结构会对催化乙醇法的处理过程有不同的影响,毛白杨中含有的导管对有机溶剂的渗入起到关键性的作用,而有机溶剂在落叶松木片中的扩散过程则主要依靠木射线。毛白杨和落叶松的组织结构形态如图2-1所示。

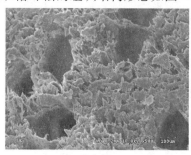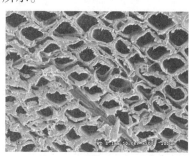

(a)毛白杨   (b)落叶松

图2-1　毛白杨和落叶松横切面的扫描电镜图(Jiang et al,2010)

除毛白杨和落叶松在组织结构上的区别外,催化剂－乙醇体系的组成也是影响催化乙醇法对毛白杨和落叶松木材组分分离效果的因素之一。乙醇的脱木素能力直接受到体系中氢离子浓度的影响(Goyal et al,1992),甲酸在保持体系弱酸性的同时也可以引起木素结构中醚键的断裂,破坏木素和碳水化合物复合体(平清伟 等,2008),4－甲基－2－戊酮和二甲亚砜可改善乙醇溶液对木素的溶解能力。另外,提高分离过程中的最高温度以及保温时间有利于木素的持续溶解,也会对催化乙醇法分离毛白杨和落叶松木片所得纤维素样品的综纤维素含量和α－纤维素含量产生影响。下面对催化乙醇法分离过程中有机溶剂体系组成、分离最高温度和保温时间对分离效果的影响做详细讨论。

2.3.1.2　不同条件下的催化乙醇法分离提取木质纤维素的效果

1. 分离液比1∶8

催化乙醇法主要依靠溶解分离木素和纤维素,当分离液比为1∶8时,不同分离温度及不同保温时间对毛白杨和落叶松的组分分离效果也不一样。当最高分离温度为120 ℃时,保温时间对催化剂－乙醇体系分离毛白杨和落叶松木材组分效率的影响如图2-2所示。保温时间为120 min的分离纤维素样品成分分析如图2-2(a)所示,当催化剂体系中含有5%的4－甲基－2－戊酮和

20%的二甲亚砜时,毛白杨和落叶松分离样品中的综纤维素含量分别是81.4%和80.6%,随着4-甲基-2-戊酮用量的增加,毛白杨分离样品中综纤维素含量提高了4.9%,略高于落叶松分离综纤维素的改善幅度;两种原料分离样品中的α-纤维素含量比较稳定。当保温时间延长至150 min时,木材中的木素溶出量增加导致分离样品的综纤维素含量明显提高;随着催化剂体系配比的变化,毛白杨分离纤维素样品中的α-纤维素含量从74.3%增加至78.9%,而同样条件下落叶松样品的变化范围是73.6% ~78.2%(见图2-2(b))。

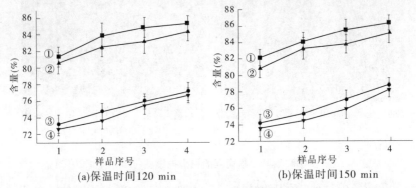

①毛白杨综纤维素;②落叶松综纤维素;③毛白杨α-纤维素;④落叶松α-纤维素

图2-2 分离温度120 ℃的催化乙醇法分离纤维素(分离液比1:8)

当分离过程的最高温度升至130 ℃时,木材样品中半纤维素的水解会得到一定程度的促进,毛白杨和落叶松分离纤维素样品的分析结果如图2-3所示。

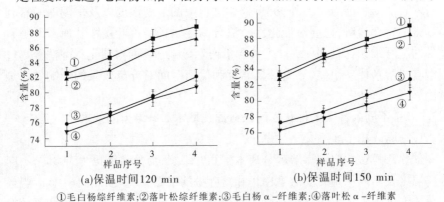

①毛白杨综纤维素;②落叶松综纤维素;③毛白杨α-纤维素;④落叶松α-纤维素

图2-3 分离温度130 ℃的催化乙醇法分离纤维素(分离液比1:8)

图 2-3(a)所示是保温时间为 120 min 时两种原料分离样品的成分分析:随着催化剂体系配比的变化,毛白杨分离样品的综纤维素含量提高了 7.4%,而 α-纤维素含量的提高幅度为 8.2%,落叶松综纤维素较低的可及度导致其分离样品纯度的提高不明显;当分离过程的保温时间为 150 min 时(见图 2-3(b)),有机溶剂体系中 4-甲基-2-戊酮用量的提高导致毛白杨分离样品的综纤维素含量从 83.4% 增加至 89.6%,α-纤维素含量从 77.2% 提高至 82.7%,但是落叶松分离样品的分离效果改善幅度较小,其综纤维素含量的增加幅度为 6.6%,而 α-纤维素的含量则提高了 6.4%。

木材组分分离过程中,较低的液比会抑制木素的溶解,但是较高的分离温度则可以加速木素结构中醚键类型连接的断裂,当催化乙醇法的最高分离温度为 140 ℃时,分离纤维素样品的综纤维素含量和 α-纤维素含量有明显提高,如图 2-4 所示。

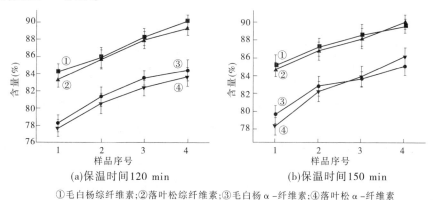

①毛白杨综纤维素;②落叶松综纤维素;③毛白杨 α-纤维素;④落叶松 α-纤维素

图 2-4　分离温度 140 ℃的催化乙醇法分离纤维素(分离液比 1∶8)

较高的分离温度明显提高了催化乙醇法分离毛白杨和落叶松木材组分的效率:当保温时间为 120 min 时(见图 2-4(a)),有机溶剂体系分离毛白杨纤维素样品的综纤维素含量从 84.3% 提高到了 90.2%,略高于落叶松;4-甲基-2-戊酮用量的提高对于毛白杨分离纤维素样品中 α-纤维素含量的改善作用在后期会出现下降,主要原因是毛白杨纤维素结晶度较低,在剧烈的反应条件下其结构会被明显破坏,而落叶松分离纤维素样品的 α-纤维素含量则随着 4-甲基-2-戊酮用量的提高从 77.7% 增加到了 83.7%,改善效果显著(达到 6%)。图 2-4(b)所示为保温时间 150 min 的催化乙醇法分离毛白杨和落叶松木材组分的效果,随着有机溶剂体系组分的变化,落叶松分离纤维素的综纤维素含量从84.7%提高至90.1%,高于毛白杨综纤维素的5.2%的增幅;另外,落叶松纤维素中α-纤维素的含量提高幅度达10.1%,主要原因是在有机溶剂处理的过程中对落叶松结构中纤维素组分的破坏程度较小。

当分离过程的最高温度达到150℃时,有机溶剂对毛白杨纤维素的结构破坏明显导致其分离样品中的综纤维素含量和α-纤维素含量增速减缓,而落叶松木片分离纤维素样品纯度受到的影响相对较轻微,如图2-5所示。

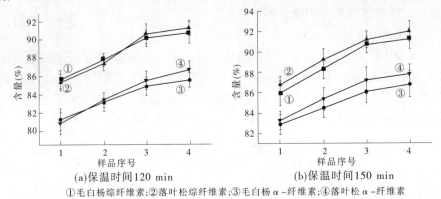

(a)保温时间120 min   (b)保温时间150 min

①毛白杨综纤维素;②落叶松综纤维素;③毛白杨α-纤维素;④落叶松α-纤维素

图2-5 分离温度150℃的催化乙醇法分离纤维素(分离液比1∶8)

如图2-5(a)所示,保温时间为120 min时,毛白杨分离纤维素的综纤维素含量从85.7%提高至90.8%,提高了5.1%,而落叶松纤维素由于受分离过程破坏较小,综纤维素含量最高可以达到91.3%;毛白杨样品中的α-纤维素含量提高相对有限,但是落叶松样品中α-纤维素含量的增幅达7.2%。保温时间延长至150 min时,毛白杨和落叶松的综纤维素含量和α-纤维素含量增幅均较小,其中毛白杨分离样品的纤维素含量提高分别为6.3%和4.7%,而落叶松分离纤维素的增幅达到6.1%和5.4%。

2.分离液比1∶10

增大催化乙醇法的分离液比能够显著提高其对木材组分的分离效率,当液比为1∶10时,分离纤维素样品的纯度得到明显改善。图2-6所示为最高分离温度120℃时乙醇-催化剂体系分离纤维素样品中的综纤维素含量和α-纤维素含量。保温时间为120 min时(见图2-6(a)),随着催化剂体系中4-甲基-2-戊酮用量的提高,毛白杨纤维素样品中的综纤维素含量从83.6%增加到了87.4%,同时α-纤维素的含量也提高了6.5%;落叶松分离纤维素样品中的综纤维素含量提高幅度为5.9%,而α-纤维素的含量与毛白杨样品的变化趋势基本一致。如图 2-6(b)所示,保温时间延长至 150 min 有利于木素等组分的溶解脱除,毛白杨和落叶松的纤维素分离效果都得到不同程度的改善:与保温时间 120 min 时相比,当催化剂体系中含有 5% 的 4 - 甲基 - 2 - 戊酮和 20% 的二甲亚砜时,毛白杨和落叶松的分离纤维素样品中的 α - 纤维素含量均有明显提高,但是综纤维素含量相对稳定;催化剂体系中 4 - 甲基 - 2 - 戊酮含量的提高导致落叶松分离样品中的综纤维素含量和 α - 纤维素含量分别提高了 6.3% 和 8.9%,均高于毛白杨木片分离组分的改善效果。

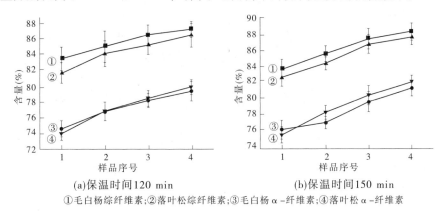

(a)保温时间120 min   (b)保温时间150 min

①毛白杨综纤维素;②落叶松综纤维素;③毛白杨 α -纤维素;④落叶松 α -纤维素

图 2-6 分离温度 120 ℃ 的催化乙醇法分离纤维素(分离液比 1:10)

当催化乙醇法的最高分离温度提高至 130 ℃ 时,毛白杨和落叶松分离纤维素样品中的综纤维素含量和 α - 纤维素含量明显提高,如图 2-7 所示。

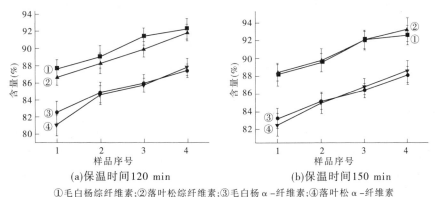

(a)保温时间120 min   (b)保温时间150 min

①毛白杨综纤维素;②落叶松综纤维素;③毛白杨 α -纤维素;④落叶松 α -纤维素

图 2-7 分离温度 130 ℃ 的催化乙醇法分离纤维素(分离液比 1:10)

图 2-7(a)为保温时间 120 min 的催化乙醇法分离效果:当催化剂体系中

含有5%的4－甲基－2－戊酮和20%的二甲亚砜时,毛白杨和落叶松纤维素样品中的综纤维素含量分别为87.7%和86.6%,随着4－甲基－2－戊酮用量的不断提高,二者的综纤维素含量提高幅度分别为5.3%和6.0%,而分离样品中α－纤维素含量的增加幅度则相对更加明显。将保温时间延长至150 min可增强木片中木素等组分的溶出,对落叶松的改善效果优于对毛白杨的改善效果,当催化剂体系中含有20%的4－甲基－2－戊酮和5%的二甲亚砜时,落叶松纤维素分离样品中的综纤维素含量达到93.2%,而α－纤维素的含量可增加到88.5%(见图2-7(b))。

提高催化乙醇法分离过程的最高温度会对纤维素的化学结构造成破坏,从而影响分离样品的纯度。随着催化乙醇法分离过程最高温度升至140 ℃,可及度较高的毛白杨纤维素的分离效果开始受到有机溶剂的影响,综纤维素和α－纤维素含量的提高速度减慢;由于落叶松纤维素可及度低,分离温度的升高对其影响较小(见图2-8)。

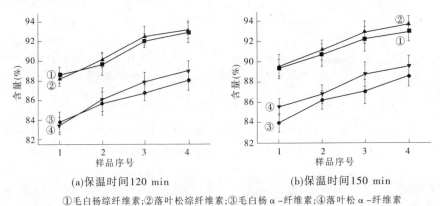

(a)保温时间120 min   (b)保温时间150 min

①毛白杨综纤维素;②落叶松综纤维素;③毛白杨α－纤维素;④落叶松α－纤维素

图2-8 分离温度140 ℃的催化乙醇法分离纤维素(分离液比1:10)

如图2-8(a)所示为保温时间120 min的催化乙醇法分离所得纤维素样品的含量分析。当催化剂体系中含有5%的4－甲基－2－戊酮和20%的二甲亚砜时,毛白杨分离纤维素中综纤维素和α－纤维素含量均高于落叶松分离样品,随着4－甲基－2－戊酮用量的增大,落叶松样品的分离效果改善明显,含有20%的4－甲基－2－戊酮和5%的二甲亚砜的催化剂体系导致落叶松分离样品中综纤维素含量为93.2%,α－纤维素含量为88.9%。保温时间为150 min时,落叶松样品中综纤维素和α－纤维素含量显著增加。经过含有20%的4－甲基－2－戊酮和5%的二甲亚砜的催化剂体系处理,落叶松分离纤维素可以达到综纤维素含量为93.7%,同时 α – 纤维素含量为89.6%,略高于毛白杨纤维素中92.9%的综纤维素和88.6%的 α – 纤维素(见图2-8(b))。

当催化乙醇法的最高分离温度提高至150 ℃时,毛白杨和落叶松纤维素的化学结构均会受到有机溶剂不同程度的破坏,从而抑制两种原料的分离纤维素样品纯度的提高,分离效果如图2-9所示。

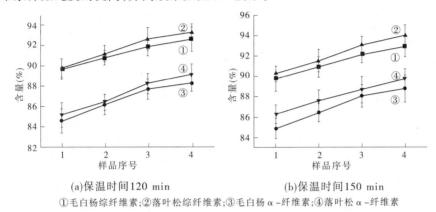

(a)保温时间120 min (b)保温时间150 min

①毛白杨综纤维素;②落叶松综纤维素;③毛白杨 α –纤维素;④落叶松 α –纤维素

图2-9 分离温度150 ℃的催化乙醇法分离纤维素(分离液比1∶10)

当分离过程的保温时间为120 min时,毛白杨和落叶松经过催化乙醇法分离所得纤维素样品的成分分析如图2-9(a)所示。含有5%4 – 甲基 – 2 – 戊酮和20%二甲亚砜的有机溶剂体系导致毛白杨和落叶松分离纤维素样品中的综纤维素含量分别达到89.7%和89.8%,随着4 – 甲基 – 2 – 戊酮用量的提高,落叶松纤维素样品中的综纤维素含量增加明显,而毛白杨样品中的综纤维素含量则相对稳定;落叶松纤维素样品中 α – 纤维素的含量随着4 – 甲基 – 2 – 戊酮用量的增加从85.1%提高至89.2%,明显高于毛白杨纤维素。当保温时间延长至150 min时,毛白杨分离纤维素样品的纯度提高不明显,这主要是因为毛白杨纤维素的结晶度低、可及度高,高温下的长时间保温可以加深有机溶剂对纤维素的渗入程度,使有机溶剂在脱除木素的同时也会破坏纤维素的化学结构,所以此时延长保温时间并不能显著地提高毛白杨分离纤维素样品的纯度;而落叶松纤维素结晶度高、可及度低,在高温下有机溶剂对落叶松纤维素结构的破坏较小,所以延长保温时间可使落叶松分离纤维素样品的综纤维素含量和 α – 纤维素含量分别提高至94.0%和89.8%(见图2-9(b))。

2.3.2　催化乙醇法分离提取木质纤维素的最佳工艺

　　催化乙醇法分离毛白杨和落叶松木材组分的过程中,有机溶剂体系的组成、分离最高温度以及保温时间等因素会对分离效果产生不同的影响。用分离纤维素样品的综纤维素含量和 α - 纤维素含量来表征其纯度可知从分离液比 1:10、分离最高温度 130 ℃、保温时间 150 min 起,毛白杨和落叶松分离纤维素样品的纯度基本趋于稳定,故以上述分离条件作为催化乙醇法分离木质纤维素的最佳工艺条件并对分离纤维素样品进行性能测定。

2.3.3　催化乙醇法分离提取木质纤维素样品的性能测定

2.3.3.1　催化乙醇法木质纤维素的傅立叶变换红外(FT - IR)分析

　　以傅立叶变换红外(FT - IR)为结构分析手段表征利用催化乙醇法分离所得的毛白杨纤维素和落叶松纤维素。由于催化乙醇法主要依靠溶解木材中的木素和半纤维素来分离与纯化纤维素,所以对纤维素结构的影响较小。利用含有不同配比催化剂体系的乙醇溶液处理毛白杨和落叶松木片分离所得纤维素的傅立叶变换红外光谱图如图 2-10 所示。

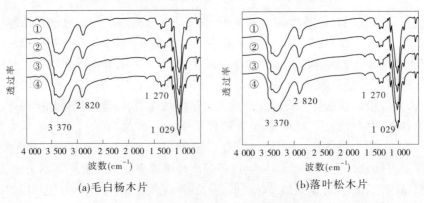

(a)毛白杨木片　　　　　　　　　　(b)落叶松木片

①1号分离纤维素;②2号分离纤维素;③3号分离纤维素;④4号分离纤维素

图 2-10　分离纤维素的红外光谱图

　　图 2-10(a)是催化乙醇法分离毛白杨木片所得纤维素的傅立叶变换红外光谱图,显示出了纤维素结构中位于 3 370 cm^{-1} 处的强烈吸收峰,这是醇羟基的特征吸收峰;位于 2 820 cm^{-1} 处的吸收峰表示利用催化乙醇法分离的纤维素中存在吡喃型环中碳氢连接不对称的伸缩振动;1 270 cm^{-1} 处的弱吸收峰是 C = O 弯曲振动的特征峰,而位于 1 029 cm^{-1} 处的强烈吸收峰与纤维素中

的 C—O 键相关。在毛白杨纤维素的分离过程中,4 - 甲基 - 2 - 戊酮等催化剂组分导致的强烈的木素脱除作用可使纤维素结构被明显破坏(见图 2-11)。

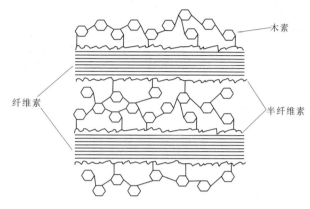

图 2-11　木材组分结构示意图

4 - 甲基 - 2 - 戊酮用量的增加会强化羟基的暴露,所以与使用 5% 的 4 - 甲基 - 2 - 戊酮的催化乙醇法所分离的毛白杨纤维素相比(见图 2-10(a)①),含有质量分数为 20% 的 4 - 甲基 - 2 - 戊酮的有机溶剂体系分离的纤维素中位于 3 370 cm^{-1} 代表纤维素表面羟基的特征吸收峰显著增强(见图 2-10(a)④);而位于 2 820 cm^{-1}、1 270 cm^{-1} 和 1 029 cm^{-1} 处的吸收峰的强度则相对稳定。与毛白杨相比,落叶松纤维素结晶区含量高导致其结构致密,在催化乙醇法分离过程中的可及度较低,结晶区受到有机溶剂的破坏较小,所以落叶松分离纤维素位于 3 370 cm^{-1} 的羟基特征峰的强度略高于毛白杨分离纤维素(见图 2-10(b));由于催化乙醇法对木材组分的分离主要依靠低温溶解,所以催化乙醇法分离落叶松纤维素的傅立叶变换红外光谱图中表征吡喃型环碳氢键的不对称伸缩振动以及与纤维素中的 C—O 键等相关的特征峰的吸收强度相对稳定,受到有机溶剂组分变化的影响不显著。

2.3.3.2　催化乙醇法木质纤维素的 X - 射线衍射(XRD)分析

通过添加 4 - 甲基 - 2 - 戊酮、二甲亚砜以及甲酸等催化剂强化常规乙醇法的分离作用并在 130 ℃ 对木材组分进行分离,可以显著降低分离过程对纤维素结晶区的破坏(Zhang,2014)。使用含有不同配比催化剂的乙醇溶液分离所得纤维素样品的 X - 射线衍射谱图如图 2-12 所示。

图 2-12(a)、(b)是分别以毛白杨和落叶松为原料分离获得纤维素的 X - 射线衍射谱图。毛白杨分离纤维素样品 X - 射线衍射谱图(见图 2-12(a))中较明显的特征衍射峰位于 15.1° 和 22.6°,分别代表纤维素 I 型结晶结

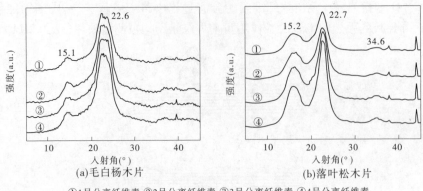

①1号分离纤维素;②2号分离纤维素;③3号分离纤维素;④4号分离纤维素

图2-12 分离纤维素的X-射线衍射谱图

构的(101)晶面和(002)晶面,而位于34.5°附近的(040)晶面的特征衍射峰几乎观察不到(Park,2004;Newman,1999)。有机溶剂的配比组成基本上不影响分离纤维素的(101)晶面,位于15.1°的衍射峰强度相对稳定,而位于22.6°的(002)晶面的衍射峰强度却随着4-甲基-2-戊酮用量的增加而明显提高。由于毛白杨纤维素的可及度较高,催化乙醇法处理过程中有机溶剂渗透比例大,导致纤维素的晶格在分离过程中发生了一定程度的形变,所以(101)晶面和(002)晶面的X-射线衍射峰出现了轻微的裂分,但是衍射图样中并未出现再生纤维素的特征峰,说明在乙醇法分离过程中有机溶剂只对木素等组分起到溶解作用,而毛白杨纤维素的天然结晶结构在分离过程中得以完整保存。如图2-12(b)所示,对以落叶松木片为原料分离获得的纤维素样品进行X-射线衍射分析,其代表纤维素Ⅰ型结晶结构的(101)和(002)晶面特征衍射峰分别位于15.2°和22.7°。相比毛白杨,落叶松纤维素结晶结构中的结晶区含量较高,木材组分分离过程中药液的可及度较低,所以在催化乙醇法分离落叶松木材组分的过程中对于纤维素结晶区的破坏较小,晶格结构保存较好,X-射线衍射图样中(101)和(002)晶面特征衍射峰的峰型完整而且位于34.6°的(040)晶面特征衍射峰清晰可见。随着有机溶剂中4-甲基-2-戊酮用量的不断提高,图2-12(b)中(101)和(002)晶面的特征衍射峰强显著增加,表明含有催化剂体系的有机溶剂对纤维素无定形区的破除作用明显。

催化剂体系不但可以提高乙醇溶液对木材组分的分离性能,其体系的弱酸性环境也会对纤维素的无定形区造成一定的破坏和脱除,可提高分离纤维素样品中结晶区的比例。以硫酸盐法处理相同原料所得纤维素为对照组,利

用乙醇 - 催化剂体系分离获得的纤维素结晶度如表2-5所示。

表2-5　催化乙醇法分离毛白杨和落叶松纤维素的结晶度　　（%）

样品	硫酸盐法	样品			
		1	2	3	4
毛白杨	45.35	43.57	45.49	45.62	46.33
落叶松	49.68	50.06	51.45	53.32	53.77

2.3.3.3　催化乙醇法木质纤维素的热重（TG）分析

纤维素的热稳定性与其结晶区含量等内部结构有关,利用不同配比有机溶剂体系分离获得的纤维素样品结构被破坏的程度不同,可导致分离产物不同的热行为。利用热重分析对上述两种原料经过催化乙醇法分离获得纤维素样品的失重温度进行测定,不同配比有机溶剂体系对分离纤维素的热重分析曲线的影响如图2-13所示。

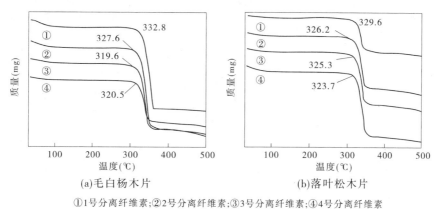

(a)毛白杨木片　　　　　　　　(b)落叶松木片

①1号分离纤维素;②2号分离纤维素;③3号分离纤维素;④4号分离纤维素

图2-13　分离纤维素的热重分析曲线

图2-13(a)是以毛白杨木片为原料经过不同配比催化乙醇法分离获得纤维素的热重分析曲线,不同的有机溶剂配比对纤维素热稳定性的影响显著。由于4 - 甲基 - 2 - 戊酮等增强了乙醇对木素的溶解能力,而木素在溶解和脱除的过程中造成的纤维素表面结构的撕裂和破坏会导致纤维素的热稳定性下降;另外,有机溶剂对纤维素结晶结构的渗入造成的结晶区退化也是降低纤维素热稳定性的主要原因(何建新 等,2008)。当有机溶剂中含有质量分数为5%的4 - 甲基 - 2 - 戊酮以及20%的二甲亚砜时,分离出的毛白杨纤维素样

品的失重现象发生在 332.8 ℃;当 4 - 甲基 - 2 - 戊酮的含量增加到 10% 而二甲亚砜的含量降为 15% 时,分离纤维素的热降解温度下降了 5.2 ℃。有机溶剂体系中 4 - 甲基 - 2 - 戊酮的用量超过 15% 时,催化乙醇法分离纤维素的热稳定性下降速度变慢,分别含有 15% 和 20% 的 4 - 甲基 - 2 - 戊酮的有机溶剂分离所得纤维素的热降解温度趋于稳定。催化乙醇法分离落叶松木片所得纤维素的热重分析曲线如图 2-13(b)所示,由于落叶松纤维素的高结晶度导致其可及度低,有机溶剂渗透困难是其热稳定性受到有机溶剂影响较小的原因之一。当催化剂体系中含有 5% 的 4 - 甲基 - 2 - 戊酮和 20% 的二甲亚砜时,落叶松纤维素的热降解温度为 329.6 ℃;当 4 - 甲基 - 2 - 戊酮的用量为 10% 而二甲亚砜的用量为 15% 时,该分离纤维素的热降解温度下降了 3.4 ℃。随着有机溶剂中 4 - 甲基 - 2 - 戊酮的用量继续增大,以落叶松为原料的催化乙醇法分离纤维素的热降解温度仅轻微下降。分别以毛白杨和落叶松为原料,利用催化乙醇法分离所得纤维素在不同阶段的降解温度如表 2-6 所示。

表 2-6　纤维素样品的降解温度　　　　　　　　　　（单位:℃）

样品		起始降解温度	降解 5% 的温度	降解 50% 的温度	终止温度
毛白杨	1	332.8	336.5	347.2	362.3
	2	327.6	331.7	341.5	351.9
	3	319.6	326.3	339.4	347.8
	4	320.5	324.9	341.7	348.6
落叶松	1	329.6	331.8	338.6	348.7
	2	326.2	329.3	341.5	347.6
	3	325.3	330.1	342.9	347.9
	4	323.7	326.5	345.2	351.3

2.3.4　催化乙醇法分离木素的 ^{13}C 核磁共振(NMR)分析

利用催化乙醇法分离木材组分获得的木素主要依靠溶解脱除,其结构完整、所受破坏程度较轻。^{13}C 核磁共振分析是一种可用于定性分析上述木素结构特点的有效方法,该木素的核磁共振谱图可以显示出经过乙醇和催化剂溶解处理后木素芳香环和环间结构的变化。

催化乙醇法分离木素的结构单元通过 ^{13}C 核磁共振谱图中特征峰的化学

位移来识别。芳香性的 C—O 结构的峰位出现在 $(160 \sim 140) \times 10^{-6}$，而芳香性的 C—C 结构与位于 $(140 \sim 123) \times 10^{-6}$ 的特征峰相关，位于 $(123 \sim 103) \times 10^{-6}$ 的特征峰表示芳香性的 C—H 连接。另外，$\beta - O - 4$ 连接中的 C_{α}、C_{β} 和 C_{γ} 分别出现在 72.4×10^{-6}、86.1×10^{-6} 和 60.2×10^{-6}。有机溶剂法分离木素的化学位移和峰位归属如表 2-7 所示。

表 2-7　有机溶剂法分离木素的化学位移和峰位归属

化学位移（$\times 10^{-6}$）	峰位归属	化学位移（$\times 10^{-6}$）	峰位归属
152.7	C_3/C_5, S units	111.1	C_2, G unit
147.9	C_3, G units	104.3	C_2/C_6, S
138.2	C_4, etherified	86.1	C_{β}, $\beta - O - 4$
134.9	C_1, S etherified;	85.2	C_{α}, $\beta - \beta$
	C_1, G etherified	72.4	C_{α}, $\beta - O - 4$
119.4	C_6, G; C_5, G	60.2	C_{γ}, $\beta - O - 4$
114.8	C_5, G unit	55.9	OCH_3, G and S unit

催化乙醇法分离获得的木素与作为对照组的磨木木素的 ^{13}C 核磁共振谱图如图 2-14 所示。与图 2-14(b) 中对照组的磨木木素相比，有机溶剂法分离木素的最明显特点是位于 152.2×10^{-6} 的 $S_{3,5}$ (醚键连接) 有明显的下降，这个现象表明催化乙醇法分离木素的过程中甲酸对木素中的醚键连接破坏明显。酸性环境会加剧愈疮木基的缩合，可导致催化乙醇法分离木素位于 119.5×10^{-6}、115.5×10^{-6} 和 109.6×10^{-6} 的三个特征峰强度下降显著 (见图 2-14(a))。根据催化乙醇法分离木素的 ^{13}C 核磁共振谱图所示，位于 85.4×10^{-6}、72.4×10^{-6} 和 60.0×10^{-6} 的三个峰强度有明显下降，表明了木素结构中 $\beta - O - 4$ 结构的降解。

2.3.5　二维核磁分析

为了进一步研究乙醇催化剂体系抽提所得木素样品的结构特征，二维核磁分析被用于木素样品的结构表征 (Rio et al, 2012)。与 MWL 相比 (见图 2-15(b))，乙醇催化剂体系抽提所得木素样品的典型结构特征将从侧链区 ($\delta C/\delta H$ $50.0 \sim 95.0/(2.5 \sim 5.5) \times 10^{-6}$) 和芳香区 ($\delta C/\delta H$ $95.0 \sim 140.0/(5.5 \sim 8.0) \times 10^{-6}$) 两个方面进行分析 (Rio et al, 2009)。

如图 2-16 所示，二维核磁的侧链区可获得抽提木素结构单元间连接的有

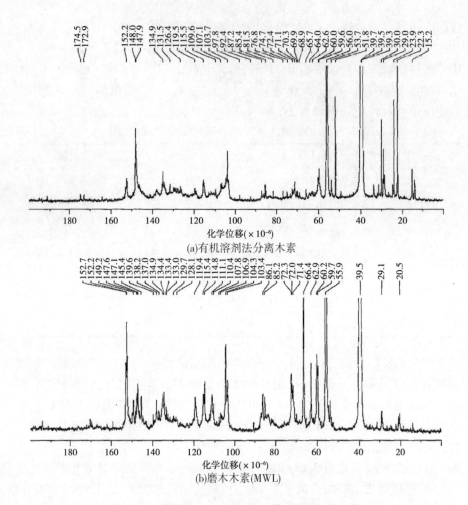

图 2-14　有机溶剂法分离木素的 ^{13}C 核磁共振谱图

关信息,如 β-O-4 芳基醚型结构单元(A)、苯基香豆满结构单元(B)和树脂醇结构(C)。由图 2-15 可知,β-O-4 芳基醚型结构单元中的 C_α—H_α、C_β—H_β 和 C_γ—H_γ 连接的特征峰分别为 $\delta C/\delta H$ $71.8/4.86 \times 10^{-6}$、$\delta C/\delta H$ $83.4/4.38 \times 10^{-6}$(G),$\delta C/\delta H$ $85.8/4.12 \times 10^{-6}$(S)和 $\delta C/\delta H$ $59.9/(3.35 \sim 3.80) \times 10^{-6}$。苯基香豆满结构中的 C_α—H_α,C_β—H_β 和 C_γ—H_γ 连接则分别位于 $\delta C/\delta H$ $86.8/5.45 \times 10^{-6}$、$53.1/3.46 \times 10^{-6}$ 和 $62.2/3.76 \times 10^{-6}$。树脂醇结构中的 C_α—H_α、C_β—H_β 和 C_γ—H_γ 连接则分别位于 $\delta C/\delta H$ $84.8/4.66 \times 10^{-6}$、$\delta C/\delta H$ $53.5/3.07 \times 10^{-6}$ 和 $\delta C/\delta H$ $71.2/(3.82 \sim 4.18) \times 10^{-6}$。另外,乙醇催化剂体

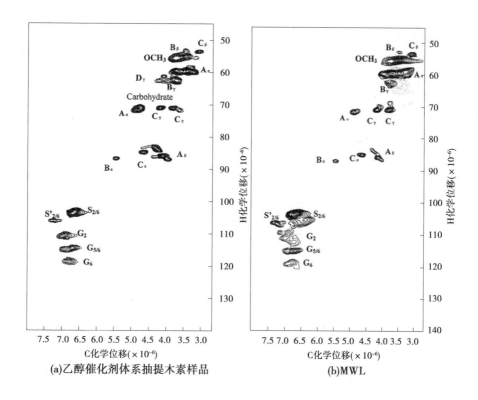

(a)乙醇催化剂体系抽提木素样品　　　　　(b)MWL

图 2-15　木素样品的二维核磁谱图

系抽提所得木素样品结构中的 S 和 G 结构单元的特征峰位于芳香区。S 型结构单元中的 $C_{2,6}$—$H_{2,6}$ 连接强吸收峰出现在化学位移为 $\delta C/\delta H$ 103.9/6.70 × 10^{-6} 处。化学位移为 $\delta C/\delta H$ 106.3/7.32 × 10^{-6} 的吸收峰则是 S′型结构单元中 C_{α}—CO 子结构的特征谱图。G 型结构单元中的 C_2—H_2、C_5—H_5 和 C_6—G_6 型连接的化学位移则分别位于 $\delta C/\delta H$ 110.8/6.97 × 10^{-6}，$\delta C/\delta H$ 114.5/6.70 × 10^{-6} 和 $\delta C/\delta H$ 119.0/6.78 × 10^{-6}。

　　与 MWL 的二维核磁谱图相比(见图 2-15(b))，乙醇催化剂体系抽提所得木素样品的谱图中吸收峰的变化如图 2-15(a)所示，木素经乙醇催化剂体系处理过程中发生的 S 型和 G 型单元的缩合反应是引起上述变化的主要原因(Yanez et al,2014)。经过对乙醇催化剂体系抽提所得木素样品的二维核磁谱图进行分析后，对其进行了主要峰形的归属(见表 2-8)(Balakshin et al,2003;Ibarra et al,2007)。

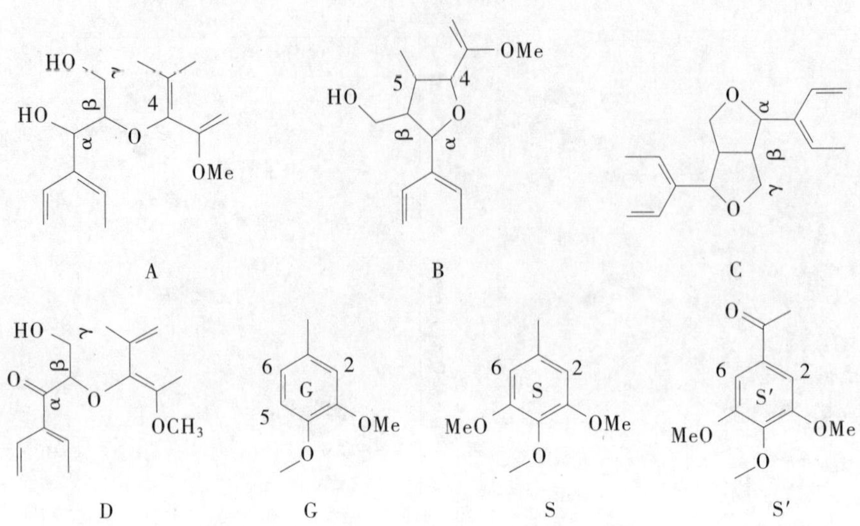

A:β-O-4 芳基醚型结构单元;B:苯基香豆满结构单元;C:树脂醇结构单元;D:α-CO/β-O-4
芳基醚型结构单元;G:愈创木基结构单元;S:紫丁香基结构单元;S′:α-CO 紫丁香基结构单元

图 2-16 木素碎片的主要结构

表 2-8 乙醇催化剂体系抽提所得木素样品二维核磁谱图中^{13}C—^{1}H 交叉信号的峰位归属

结构单元	δC/δH($\times 10^{-6}$)	峰位归属
B_β	53.1/3.46	苯基香豆满结构单元的 C_β—H_β
C_β	53.5/3.07	树脂醇结构单元的 C_β—H_β
—OCH$_3$	56.4/3.70	甲氧基结构单元的 C—H
A_γ	59.9/(3.35~3.80)	β-O-4 芳基醚型结构单元的 C_γ—H_γ
B_γ	62.2/3.76	苯基香豆满结构单元的 C_γ—H_γ
A_α	71.8/4.86	β-O-4 芳基醚型结构单元的 C_α—H_α
C_γ	71.2/3.82~4.18	树脂醇结构单元的 C_γ—H_γ
C_α	84.8/4.66	树脂醇结构单元的 C_α—H_α
A_β	83.4/4.38, G units; 85.8/4.12, S units	β-O-4 芳基醚型结构单元的 C_β—H_β

结构单元	$\delta C/\delta H (\times 10^{-6})$	峰位归属
B_α	86.8/5.45	苯基香豆满结构单元的 C_α—H_α
$S_{2/6}$	103.9/6.70	S 型结构单元的 $C_{2,6}$—$H_{2,6}$
$S'_{2/6}$	106.3/7.32	带有 α-CO 的 S'型结构单元的 $C_{2,6}$—$H_{2,6}$
G_2	110.8/6.97	G 型结构单元的 C_2—H_2
G_5	114.5/6.70	G 型结构单元的 C_5—H_5
G_6	119.0/6.78	G 型结构单元的 C_6—G_6

2.4　本章小结

本章利用新型催化剂体系强化传统乙醇法对木质纤维素的分离提取效果,并在低温条件下获得高纯度的毛白杨和落叶松纤维素。毛白杨和落叶松的组织结构、分离液比、催化剂体系的配比、分离温度以及保温时间等都会对催化乙醇法的分离效率产生影响,通过对催化乙醇法分离纤维素和木素进行表征后,所得结论如下:

(1)利用 4-甲基-2-戊酮、二甲亚砜和甲酸等配制成的催化剂体系可以强化乙醇对木素的溶解能力,降低乙醇法分离木质纤维素的最高温度。

(2)催化乙醇法在液比 1:10、分离温度 130 ℃、保温 150 min 的条件下可分离获得高纯度的纤维素。以毛白杨木片为原料分离所得纤维素样品的综纤维素含量可达 92.6% ,α-纤维素含量为 88.1%;以落叶松木片为原料分离所得纤维素样品的综纤维素含量为 93.2% ,α-纤维素含量达到 88.5%。

(3)催化乙醇法的分离过程对纤维素的化学结构破坏较小,其傅立叶变换红外光谱衍射峰强度相对稳定;由于毛白杨和落叶松可及度不同,经过有机溶剂处理后毛白杨纤维素的晶格会出现轻微的变形,而落叶松纤维素的结晶区受破坏程度较低,且 X-射线衍射峰型完整,两种分离纤维素均未出现再生纤维素的特征结晶结构,说明天然纤维素的结晶区没有被有机溶剂破坏;由于催化乙醇法分离体系的弱酸性环境可使纤维素的无定形区发生水解,导致催化乙醇法分离纤维素的结晶度略微升高,但热稳定性下降。

(4)以磨木木素为对照组,利用^{13}C 核磁共振对催化乙醇法分离木素的结构进行定性分析。在上述方法对木素的分离过程中,位于 152.2×10^{-6} 的木素特征醚键连接被甲酸破坏,同时分离过程中的弱酸性环境加速了木素结构中愈疮木基的缩合,另外位于 85.4×10^{-6}、72.4×10^{-6} 和 60.0×10^{-6} 的三个特征峰的下降表明了木素结构中 β-O-4 结构在分离过程中出现了降解。

第3章 纳米结晶纤维素的制备
和结构性能表征

3.1 纳米结晶纤维素研究现状

木质纤维素是植物资源的重要组成成分,具有"绿色"无毒、可再生和可生物降解等特性,其丰富的来源和较低的成本也受到了广泛关注(Wu,2009;Mathur,2006)。原始纤维素的形态和结构限制了其应用范围,纳米结晶纤维素(纳米结晶纤维素)是原始纤维素材料进行化学和物理处理后获得的新型功能材料,具有小尺寸、大比表面积、高反应活性、高机械强度以及独特的光学性能等特点,可以大幅度拓宽原始纤维素的应用范围(Beecher et al,2007;Eichhorn et al,2001;Habibi et al,2010;Nogi et al,2009;Nogi et al,2008)。

植物纤维素和动物纤维素均可以作为纳米结晶纤维素颗粒的制备原料,但是与动物纤维素相比,植物纤维素原料不但来源广泛而且成本更低,所以以其作为制备纳米结晶纤维素颗粒的最主要的原料来源(Klemm et al,2005;Saito et al,2006)。纳米结晶纤维素颗粒的常见制备方法种类较多,包括酸水解法、碱法、生物法以及物理法等,制备过程主要涉及两个方面,分别是提高结晶度和降低尺寸(De Souza et al,2002;Gumuskaya et al,2003;Sun et al,2008)。在纳米结晶纤维素的制备过程中,提高结晶度主要依靠酸水解等方法除去原始纤维素结晶结构中的无定形区而保留结晶区,以增大结晶区的比例;降低纤维素的尺寸主要是利用超声破碎处理和高压均质处理或者是上述两种处理方法的结合(Araki et al,2000;Elazzouzi-Hafraoui et al,2008;Hayashi et al,2005;Cheng et al,2007);也可以利用具有专一性的生物酶处理纤维素而制备,该过程只对纤维素的无定形区起作用而避免了对结晶结构造成破坏,但是生物酶法对生产环境要求较苛刻且生产效率不高。利用上述方法所制得的纳米结晶纤维素颗粒的性能主要受纤维素原料的种类和处理方法等的影响,来自不同原料的纳米结晶纤维素颗粒有着不同的结晶结构和外观性能。

本章的主要研究内容涉及以催化乙醇法分离的毛白杨和落叶松纤维素为原料,经过酸水解处理除去非结晶区,并经过超声细胞破碎或者高压均质处理后将纤维素降至纳米尺寸以制得纳米结晶纤维素,并对两种原料制备所得的纳米结晶纤维素颗粒进行傅立叶变换红外分析、X‑射线衍射分析、热稳定性分析以及外观形态分析等,研究不同原料以及制备流程对纳米结晶纤维素理化性能的影响规律。

3.2 纳米结晶纤维素的制备

3.2.1 材料和试剂

本章用于制备纳米结晶纤维素的试验材料为催化乙醇法分离获得的毛白杨纤维素和落叶松纤维素,其分离条件为分离液比 1:10,加热时间 90 min,分离过程最高温度 130 ℃,保温时间 150 min;有机溶剂的配比为乙醇含量40%,4‑甲基‑2‑戊酮含量 20%,二甲亚砜含量 5%,甲酸含量 10%,以及25% 的蒸馏水。毛白杨纤维素的综纤维素含量为 92.6%,而 α‑纤维素含量为 88.1%;落叶松的综纤维素含量为 93.2%,而 α‑纤维素含量为 88.5%。本章使用的化学试剂如表 3-1 所示。

表 3-1 化学试剂

试剂名称	分子式	生产厂家
无水乙醇(Ethanol)	C_2H_5OH	北京化工厂
硫酸(Sulfuric acid)	H_2SO_4	北京化工厂
二甲亚砜(Dimethyl sulfoxide)	C_2H_6SO	北京化工厂
4‑甲基‑2‑戊酮(4‑methyl‑2‑pentanone)	$C_5H_{12}O$	北京化工厂
甲酸(Formic acid)	CH_2O_2	北京化工厂

试验中所用原料都没有经过任何提纯处理,所有试剂均为分析纯,所用水均为去离子水。

3.2.2 仪器和设备

本章所用仪器和设备规格及来源如表 3-2 所示。

表 3-2　仪器和设备规格及来源

仪器名称	型号	生产厂家
电子天平	FA1004N	上海精密科学仪器有限公司
电热磁力搅拌器	RCT 基本型	广州仪科实验室技术有限公司 （IKA 中国分公司）
全自动新型鼓风干燥箱	ZRD－7230	上海智城分析仪器制造有限公司
离心机	LD4－2A	北京京立离心机有限公司
X－射线衍射仪（XRD）	XRD－6000	日本岛津公司（Shimadizu）
傅立叶变换中红外（FT－IR）	Tensor7	德国布鲁克公司（Bruker）
热重－差热分析仪（TG）	DTG－60	日本岛津公司（Shimadizu）
差示扫描量热分析仪（DSC）	DSC－60	日本岛津公司（Shimadizu）
透射电镜（TEM）	H－600	日本日立公司（Hitachi）
超声波细胞破碎仪	JY98－ⅢN	宁波新芝实验仪器有限公司
冷冻干燥机	FD－1D－50	北京博医康实验仪器有限公司

3.2.3　纳米结晶纤维素研究方法

3.2.3.1　纳米结晶纤维素的制备

本章涉及的纳米结晶纤维素的制备主要是以催化乙醇法分离获得的毛白杨纤维素和落叶松纤维素为原料,并辅以酸水解处理和超声细胞破碎或者高压均质处理制备而成,流程如下:将硫酸与蒸馏水混合成硫酸水溶液(质量分数为 25% ~ 35%),将在 105 ℃下烘至绝干的催化乙醇法分离纤维素加入硫酸水溶液中,固液比为 1:6,水解温度为 60 ℃,水解时间为 3 ~ 5 h,整个水解过程全程利用电热磁力搅拌器进行持续搅拌,搅拌速度为 20 r/min。酸水解需控制在多相水解阶段,以水解脱除无定形区而保留结晶区,其水解机制如图 3-1 所示。

将水解处理后获得的水解纤维素经过真空过滤得到滤饼,用蒸馏水洗涤滤饼以除去其中残留的 H^+ 和 SO_4^{2-},然后将滤饼在 105 ℃下干燥 24 h。1 g 绝干滤饼被分散在 200 g 蒸馏水中,用于降低纤维素尺寸的处理手段主要依靠在 100 MPa 下进行 5 ~ 10 次均质或 20 min 的间歇式超声处理(功率为 1 200 W)。经过酸水解和均质或超声破碎的联合操作后可以获得长度为 100 ~

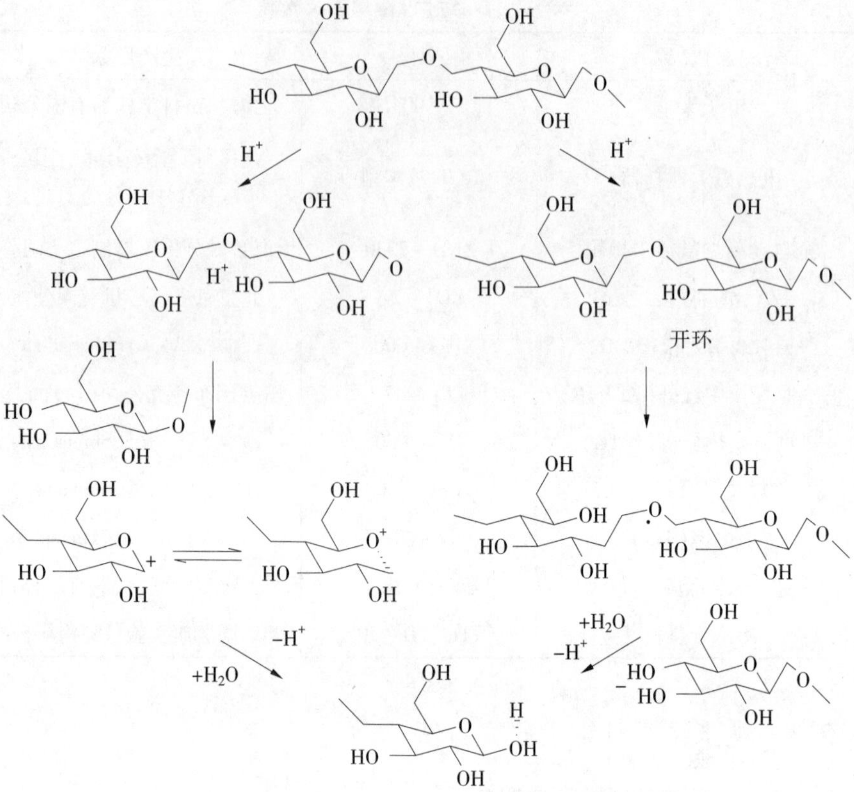

图 3-1　纤维素无定形区的水解机制

200 nm、直径为 20～50 nm 的纳米结晶纤维素颗粒。制备纳米结晶纤维素粉体的步骤是:首先将纳米结晶纤维素水溶液冷冻结冰,然后进行冷冻干燥。纳米结晶纤维素水溶液的冷冻干燥主要分为两个阶段:①降温阶段。冷肼的温度从室温以 5 ℃/min 的速度降至 −60 ℃。②保温阶段。压力小于 10 Pa,温度为 −60 ℃保持 24 h,用于纳米结晶纤维素溶液中水分的升华。

经过硫酸水解获得的纳米结晶纤维素在水溶液中可以稳定存在,主要原因是水解过程中在其表面引入了阴离子的磺酸基基团,该基团对部分活性羟基的取代可以降低纳米结晶纤维素颗粒的表面能,从而改善其分散状态(叶代勇,2007)。引入磺酸基的纳米结晶纤维素的结构如图 3-2 所示。

3.2.3.2　纳米结晶纤维素的结构性能表征

利用傅立叶变换红外光谱对纳米结晶纤维素颗粒的化学组分进行测定,使用 KBr 压片法将纳米结晶纤维素样品研磨至 200 目后,与 KBr 进行1:120

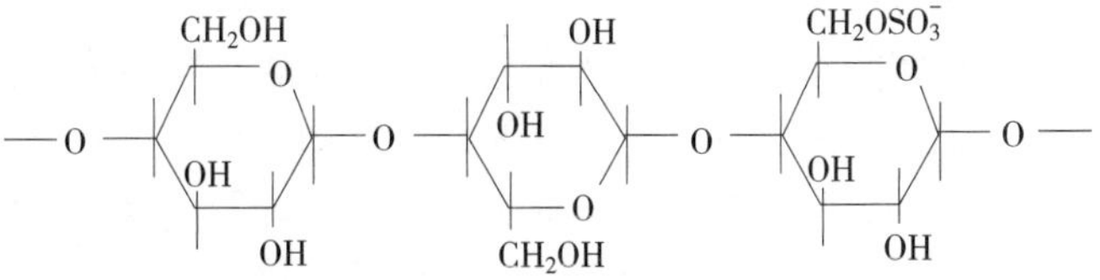

图 3-2　引入磺酸基的纳米结晶纤维素的结构

的混合,然后压制成透明薄片用于检测,扫描范围是 4 000 ~ 400 cm^{-1},扫描次数为 64 次,分辨率为 4 cm^{-1};纳米结晶纤维素颗粒的结晶结构由 X – 射线衍射仪测定,扫描速度为 2°/min,步幅为 0.05°,扫描范围是 5° ~ 45°,结晶度的计算是通过计算不同角度衍射峰的比例获得;纳米结晶纤维素颗粒的热稳定性由热重分析测定,使用氮气保护,氮气流量为 15 ~ 30 mL/min,压力为 0.3 MPa,升温速率为 10 ℃/min,升温范围为室温到 600 ℃;利用差示扫描量热仪分析样品受热导致的失重过程中的热量变化,样品被密封在铝制坩埚中,升温速率为 10 ℃/min,升温范围为室温到 500 ℃;采用透射电镜观察纳米结晶纤维素的外观形态,加速电压为 80 kV,首先将纳米结晶纤维素颗粒与蒸馏水混合后配制成质量分数为 0.1% 的稀溶液,然后蘸取少量混合均匀的溶液低温下干燥并固化在碳网上进行观察。

3.3　纳米结晶纤维素的表征

3.3.1　纳米结晶纤维素的傅立叶变换红外(FT – IR)分析

利用傅立叶变换红外光谱对分别以毛白杨纤维素和落叶松纤维素为原料制得的纳米结晶纤维素颗粒进行化学结构分析。由于毛白杨和落叶松纤维素的可及度不同,以上述两种原料制备所得的纳米结晶纤维素表现出不同的红外特征(见图 3-3)。图 3-3①所示为以毛白杨纤维素为原料制备的纳米结晶纤维素颗粒的红外光谱图,其中位于 3 354 cm^{-1}以及位于 1 649 cm^{-1}的特征吸收峰表示纳米结晶纤维素颗粒表面醇羟基的拉伸和弯曲振动;位于 2 901 cm^{-1}和 1 385 cm^{-1}的特征吸收峰表示纤维素结构中 C—H 键的弹性伸缩振动,而位于 1 059 cm^{-1}的强吸收峰则是代表纤维素结构中与羧基有关的特征峰位。相比毛白杨纳米结晶纤维素的傅立叶变换红外光谱图,落叶松纳米结晶纤维素结构中位于 3 354 cm^{-1}和 1 649 cm^{-1}的羟基特征吸收峰强度明显增加(见图 3-3②),主要原因是毛白杨纤维素可及度高导致其在酸水解等处理过程中结晶结构破坏严重,而落叶松纤维素的结晶度高,在酸水解等处理的过程中微纤维排列致密的结晶区得到大量保留,所以落叶松纳米结晶纤维素暴露的醇羟基更加密集。来自落叶松的纳米结晶纤维素的傅立叶变换红外光谱谱图中位于 2 901 cm^{-1} 和 1 385 cm^{-1} 的吸收峰强度略强于图 3-3①,表明落叶松纳米结晶纤维素的结构中含有更多的 C—H 键连接。纳米结晶纤维素结构中与羰基振动有关的吸收峰强度受制备原料的影响较小,来源不同的纳米结晶纤维素颗粒位于 1 059 cm^{-1} 的特征峰吸收强度保持稳定,说明有机溶剂、酸水解以及超声细胞破碎等处理过程对不同纤维素结构中的羰基影响的选择性不明显。

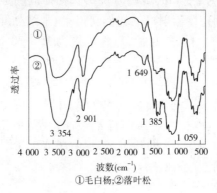

图 3-3　不同种类纤维素原料制备而成的纳米结晶纤维素颗粒的红外光谱

3.3.2　纳米结晶纤维素的 X – 射线衍射(XRD)分析

利用 X – 射线衍射分析分别由毛白杨和落叶松制备的纳米结晶纤维素颗粒的结晶结构并计算其结晶度(见图 3-4 和表 3-3)。纳米结晶纤维素的 X – 射线衍射谱图中位于 16.0°、22.2° 和 34.4° 的特征衍射峰分别代表天然纤维素 I 型结晶结构中的(101)、(002)和(040)晶面(杨淑蕙,2001)。毛白杨和落叶松纤维素结晶结构的不同,导致酸水解等处理对其制备所得纳米结晶纤维素结构的破坏程度也不一样,其 X – 射线衍射特征衍射峰的强度也就有所区别。图 3-4①和②是分别以毛白杨纤维素和落叶松纤维素为原料制成的纳米结晶纤维素的 X – 射线衍射谱图。

由于毛白杨纤维素的结晶结构中结晶区比例较低而导致其较高的可及度使得酸液更容易渗入到结晶结构内部,不但可以润胀并脱除非结晶区,也会对结晶区造成一定的破坏。如图 3-4①所示,毛白杨纳米结晶纤维素位于 16.0°

和22.2°的特征衍射峰强度较低,说明纤维素结晶结构中的(101)晶面和(002)晶面被破坏得比较严重。以落叶松纤维素为原料制成的纳米结晶纤维素的 X－射线衍射曲线如图3-4②所示,由于落叶松纤维素的结晶结构相对致密,可及度较低,所以在酸处理过程中大部分酸液只能破坏无定形区而无法渗入结晶区内部,导致(101)晶面和(002)晶面保存完整,所以位于16.0°和22.2°的特征衍射峰峰型明显,其强度明显高于以毛白杨纤维素为原料制备的纳米结晶纤维素。两种纳米结晶纤维素中位于34.4°的衍射峰强度稳定,说明毛白杨纤维素和落叶松纤维素结晶结构中的(040)晶面受酸水解等的影响较小。

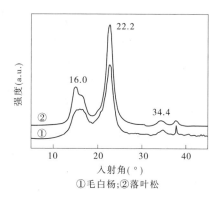

①毛白杨;②落叶松

图3-4　不同种类纤维素原料制备而成的纳米结晶纤维素颗粒的 X－射线衍射谱图

　　酸水解、超声破碎以及高压均质等处理对纳米结晶纤维素结晶区的破坏导致其结晶度的变化,由于毛白杨纤维素的晶面破坏严重而落叶松纤维素的结晶结构保存完整,导致落叶松纳米结晶纤维素的结晶度明显高于毛白杨纳米结晶纤维素,如表3-3所示。

表3-3　毛白杨和落叶松纳米结晶纤维素颗粒的结晶度　　　　　　（％）

样品	催化乙醇法纤维素	纳米结晶纤维素
毛白杨	46.33	57.62
落叶松	53.77	62.58

3.3.3　纳米结晶纤维素的热分析(DSC)

　　纳米结晶纤维素的热稳定性与其结晶结构和化学结构密切相关。随着糖苷键等结构的断裂,纳米结晶纤维素在受热过程中会发生退化和热降解,从而出现明显的失重现象。纤维素材料的晶格结构越稳定其失重现象发生的温度就越高,纳米结晶纤维素颗粒表面含有大量的活性醇羟基,其较高的表面能是导致纳米结晶纤维素热稳定性降低的主要原因。另外,由于纳米结晶纤维素制备过程中的酸水解和超声破碎等步骤都会对纤维素致密的结晶结构造成破坏,晶格等受损后使其热稳定性下降,也可以导致纳米结晶纤维素失重现象提前发生(Zhang et al,2012;Rosa et al,2010;Xiao et al,2001)。

利用热重分析方法分别以毛白杨纤维素和落叶松纤维素作为原材料制备得到的纳米结晶纤维素的热稳定性,两种纳米结晶纤维素受热后的热行为如图 3-5 所示。由于毛白杨纤维素可及度高,结晶区在酸水解等过程中被破坏,较少的能量就可以导致晶格的变形和退化,其失重现象发生的初始温度为279.7 ℃(见图 3-5①);另外,毛白杨纳米结晶纤维素的重量损失范围较宽,在270～340 ℃范围内重量的损失达60%～70%。针叶材纤维结构比较致密,较低的可及度保护了结晶结构的稳定,所以落叶松纳米结晶纤维素的热降解发生的较晚,失重现象的初始温度为293.9 ℃(见图 3-5②)。同时,落叶松纳米结晶纤维素的整个降解过程的温度范围较窄,在290～330 ℃区间内失重可达70% 以上。

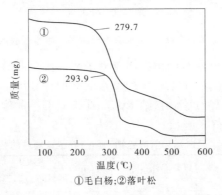

图 3-5 不同种类纤维素原料制备而成的纳米结晶纤维素颗粒的热重分析曲线

利用差示扫描量热(DSC)分析分别由毛白杨纤维素和落叶松纤维素制备而成的纳米结晶纤维素颗粒在热降解过程中的能量变化。图 3-6①所示为毛白杨纳米结晶纤维素的差示扫描量热分析仪曲线,100 ℃附近的吸热峰代表纳米结晶纤维素中水分的蒸发吸热,之后经历了一段热量平衡阶段,位于250～360 ℃的剧烈吸热峰表明纳米结晶纤维素颗粒在热降解和失重过程中吸收了大量能量,主要用于纤维素晶格的退化和降解(何文 等,2013),能量的吸收最大点位于291.3 ℃。与毛白杨纳米结晶纤维素颗粒相比,落叶松纳米结晶纤维素结晶结构致密而且结晶区含量较高,所以结构破坏过程所需的能耗较大,其降解过程中的能量变化如图3-6②所示,在纳米结晶纤维素颗粒吸收能量发生热降解的初期,也会由于少量残余水分产生位于100 ℃附近的吸热峰。随着纳米结晶纤维素颗粒受热过程的深入,温度的升高导致了差示扫描量热分析仪曲线产生位于260~350 ℃的剧烈吸热峰,该吸热峰对应的是落叶松纳米结晶纤维素的晶格退化和降解失重过程,落叶松纳米结晶纤维素的热降解吸热峰范围较窄,但是由于需要较多的能量才能破坏落叶松纤维素结构中致密的结晶区,所以落叶松纳米结晶纤维素的吸热峰值出现在297.5 ℃,略高于毛白杨纳米结晶纤维素。

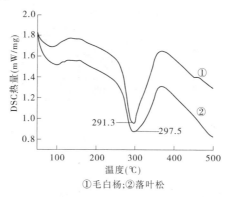

图 3-6　不同种类纤维素原料制备而成的纳米结晶纤维素
颗粒的差示扫描量热分析仪曲线

3.3.4　纳米结晶纤维素的透射电镜(TEM)分析

毛白杨纤维素和落叶松纤维素可制备出不同表观性状的纳米结晶纤维素,利用透射电镜对由上述两种原料制成的纳米结晶纤维素的形貌特征和分散状态进行分析。毛白杨纤维素在酸水解、超声破碎以及高压均质处理过程中结晶结构破坏明显,而落叶松纤维素的结晶结构可得到相对完整的保存,两种纳米结晶纤维素颗粒表现出的形态特征如图3-7所示。

利用透射电镜观察质量分数为0.1%的纳米结晶纤维素水溶液样品。如图3-7(a)所示,毛白杨纳米结晶纤维素颗粒的分散性较好,主要原因是毛白杨纤维素经过酸水解以及超声细胞破碎处理后结晶区暴露出的表面羟基数量少,纳米颗粒之间形成的氢键较少;毛白杨纳米结晶纤维素的尺寸均匀,长度为 100 ~ 200 nm 而直径为 10 ~ 20 nm。以落叶松纤维素为原料制备的纳米结晶纤维素颗粒的外观形态和分散情况如图 3-7(b)所示,落叶松纤维素结构的结晶度高,不利于酸液的渗入,同样的处理条件导致落叶松纳米结晶纤维素颗粒的尺寸较大,长度为 100 ~ 200 nm 而直径主要分布在 20 ~ 30 nm 的范围内。另外,落叶松纤维素经过酸水解等处理后结晶区保留相对完整,制备成纳米结晶纤维素后表面暴露出大量醇羟基,可形成大量纳米颗粒间氢键,所以落叶松纳米结晶纤维素颗粒在水溶液中有轻微的团聚现象出现。

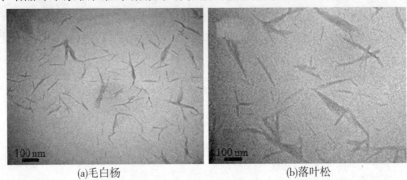

(a)毛白杨　　　　　　　　　　(b)落叶松

图 3-7　不同种类纤维素原料制备而成的纳米结晶纤维素颗粒的透射电镜图

3.4　本章小结

本章对利用催化乙醇法分离的毛白杨纤维素和落叶松纤维素为原料制备而成的纳米结晶纤维素颗粒进行理化性能表征和分析,结论如下:

(1)分别以毛白杨和落叶松纤维素为原料制备的纳米结晶纤维素化学结构类似,但是官能团特征峰吸收强度不同。相比毛白杨纤维素,落叶松纤维素结晶度较高,导致其经过酸水解、超声等处理后所得纳米结晶纤维素颗粒结构中含有更多的羟基和 C—H 连接等,而其他波数的吸收峰强度受原料种类影响不明显。

(2)纳米结晶纤维素制备过程中的酸水解和超声等处理在脱除无定形区和降低尺寸的同时,也会对纤维素中的结晶结构造成一定破坏。与毛白杨纤维素相比,落叶松纤维素较低的可及度更利于对结晶结构的保留,导致落叶松纳米结晶纤维素颗粒的(101)、(002)晶面衍射峰强度明显高于毛白杨纳米结晶纤维素颗粒,但是位于 34.4°的(040)晶面受不同原料种类的影响较小。

（3）纳米结晶纤维素颗粒的热稳定性与其化学结构密切相关,毛白杨纤维素在制备纳米结晶纤维素的过程中结构破坏严重,所以热稳定性较差,其失重发生在 279.7 ℃,而由落叶松纤维素制成的纳米结晶纤维素颗粒结晶结构完整,晶格稳定性好,其失重现象的起始温度为 293.9 ℃;两种纳米结晶纤维素在热降解过程中吸热峰的变化也不同,毛白杨纳米结晶纤维素的降解吸热峰位于 250～360 ℃,而落叶松纳米结晶纤维素的降解吸热过程发生在 260～350 ℃。

（4）毛白杨纤维素中结晶区含量相对较低,经过酸水解等处理后,暴露出的表面羟基较少,分子链间氢键的形成受到抑制,其纳米结晶纤维素颗粒在水溶液中能够均匀分散;而落叶松纤维素结晶结构致密,导致以其为原料制备的纳米结晶纤维素颗粒尺寸略大而且含有大量表面羟基,分子链间形成的氢键会导致轻微的团聚现象发生。

第 4 章 纳米结晶纤维素改性脲醛树脂的性能和机制研究

4.1 脲醛树脂的改性研究现状

脲醛树脂胶黏剂是一种常见的胶黏剂，以脲醛树脂为主要的黏料，并添加适当的助剂，在一定的反应条件下通过物理混合或者化学反应制备而成的一种热固性树脂胶黏剂。脲醛树脂胶黏剂常用于木材工业，其主要优点是结合强度高，另外其较低的生产成本也是其广泛应用的前提，但是随着人们的环境意识不断加强，脲醛树脂中的游离甲醛对环境的影响逐渐受到广泛关注。

早期的研究工作主要是通过改性等手段降低脲醛树脂的游离甲醛释放量，例如 Levendis et al(1992)利用复合材料对脲醛树脂进行改性，使得其在使用过程中的游离甲醛释放量得到明显降低；也可通过制备脲醛树脂复合材料来降低脲醛树脂胶黏剂的游离甲醛释放量，Basta et al(2011)和 Migneault et al(2011)将含有氨基的生物质复合材料和造纸浆料等加入脲醛树脂基材中，可以显著抑制游离甲醛的释放。但是，目前的研究结论表明大多数用于降低脲醛树脂游离甲醛释放量的改性方法都会导致脲醛树脂胶黏剂胶合强度的下降，所以越来越多的关于同时改善脲醛树脂胶黏剂的游离甲醛释放量和胶合强度的研究工作得到深入开展。Zhang et al 研究发现，由 EPU、pMDI 等改善的脲醛树脂胶黏剂在提高胶合强度的同时也降低了甲醛释放量(Zhang et al，2011；Dziurka et al，2010；Hse et al，2010)。另外，利用丙烯酰胺的共聚作用也能导致脲醛树脂结合强度和游离甲醛释放量同时被改善(Abdullah et al，2010)。纤维状材料也经常作为脲醛树脂的增强和吸附材料，比如松针、棉纤维以及经过氟化处理的聚醚均可以用来显著改善脲醛树脂胶黏剂的内结合强度等性质(Thakur et al，2010；Singha et al，2009；Mansouri et al，2007)。用于脲醛树脂基材材性改善的复合材料的机械性能可以明显影响脲醛树脂基材的性能，Samarzija-Jovanovic 等的研究体现了纳米二氧化硅对脲醛树脂基材热稳定性的影响(Samarzija-Jovanovic et al，2011；Siimer et al，2010；Park et al，2008)。醇类化合物等也可以用作脲醛树脂胶黏剂的改性剂，比如 Kurt et al(2004)利用异丙醇对脲醛树脂进行改性并测定了其机械性能。

作为一种天然、环保的高分子功能型材料,纳米结晶纤维素不但具有高力学强度和高反应活性,其可再生性以及可生物降解性等也是常规有机和无机纳米材料无法比拟的,利用纳米结晶纤维素改性获得的脲醛树脂复合材料在游离甲醛释放量下降的同时,胶合强度也会有一定程度的改善。

4.2　脲醛树脂复合材料的制备和表征

4.2.1　材料和试剂

本章试验所需的脲醛树脂购自北京泰尔化工有限公司,固含量为61.2%,甲醛/尿素摩尔比为1.1,以10%质量分数的氯化铵为固化剂;杨木单板和杨木纤维购自河北省;落叶松木片购自内蒙古。本章使用的化学试剂如表4-1所示。

表4-1　化学试剂

试剂名称	分子式	生产厂家
3－氨丙基三乙氧基硅烷(APTES)	$NH_2(CH_2)_3Si(OC_2H_5)_3$	北京申达精细化工有限公司
3－甲基丙烯酰氧基丙基三甲氧基硅烷(MPS)	$C_7H_{11}O_2Si(OCH_3)_3$	北京申达精细化工有限公司
无水乙醇(Ethanol)	C_2H_5OH	北京化工厂
硫酸(Sulfuric acid)	H_2SO_4	北京化工厂
盐酸(Hydrochloric acid)	HCl	北京化工厂
氯化铵(Ammonium chloride)	NH_4Cl	北京化工厂

试验中所用原料都没有经过任何提纯处理,改性用硅烷为化学纯,其余所有试剂均为分析纯,所用水均为去离子水。

4.2.2　仪器和设备

本章所用仪器和设备规格及来源如表4-2所示。

表 4-2　仪器和设备规格及来源

仪器名称	型号	生产厂家
电子天平	FA1004N	上海精密科学仪器有限公司
电热磁力搅拌器	RCT 基本型	广州仪科实验室技术有限公司 （IKA 中国分公司）
全自动新型鼓风干燥箱	ZRD – 7230	上海智城分析仪器制造有限公司
离心机	LD4 – 2A	北京京立离心机有限公司
冷冻干燥机	FD – 1D – 50	北京博医康实验仪器有限公司
超声波细胞破碎仪	JY98 – IIIN	宁波新芝实验仪器有限公司
热重 – 差热分析仪（TG）	DTG – 60	日本岛津公司（Shimadizu）
扫描电子显微镜（SEM）	S – 3000N	日本日立公司（Hitachi）
视频光学接触角测量仪	OCAH200	德国 Dataphysics 公司

4.2.3　纳米结晶纤维素及脲醛树脂复合材料的制备

4.2.3.1　纳米结晶纤维素颗粒的制备

将规格为长×宽×厚=20 mm×10 mm×3 mm 的落叶松木片在 105 ℃的条件下于鼓风干燥箱中干燥 24 h 备用。按照表 2-4 中 4 号的配比配制有机溶剂体系，按照固液比为 1∶10 的比例与落叶松木片混合均匀后放入体积为 1.2 L 的不锈钢蒸煮罐中，每罐添加的木片的绝干质量为 100 g，经过最高温度为 130 ℃及保温时间 150 min 的蒸煮后洗涤除去溶解木素，得到分离纤维素。利用 25%的硫酸水溶液水解催化乙醇法分离获得落叶松纤维素，固液比为 1∶6，水解温度为 60 ℃，水解时间为 5 h，水解过程需要对纤维素进行 20 r/min 的搅拌；将水解处理后的纤维素配制成质量分数为 1%的水溶液，经超声波细胞破碎仪在 1 200 W 的功率下间歇处理 20 min，每超声 15 s，间隔 5 s，通过撕裂和切断作用将纤维素制成长度为 100～200 nm、直径为 20～50 nm 的纳米结晶纤维素颗粒并通过冷冻干燥获得粉体。

4.2.3.2　纳米结晶纤维素的表面改性

利用 3 – 氨丙基三乙氧基硅烷（APTES）和 3 – 甲基丙烯酰氧基丙基三甲氧基硅烷（MPS）作为纳米结晶纤维素的表面改性剂（见图 4-1）以提高其分散性，乙醇作为溶解改性剂的溶剂，每一种改性剂都会以四种不同的体积分数溶解在乙醇中,分别是2%、4%、6%和8%。在改性纳米结晶纤维素之前需对上述两种改性剂进行水解,利用盐酸将改性剂 - 乙醇溶液的 pH 值调整到 3 ~ 4,然后将溶液摇匀后常温静置 60 min,溶液变为澄清透明时即为水解反应结束的标志。每 1 g 纳米结晶纤维素被 100 g 水解后的改性剂 - 乙醇溶液处理,处理时间为 3 h,60 ℃水浴加热。

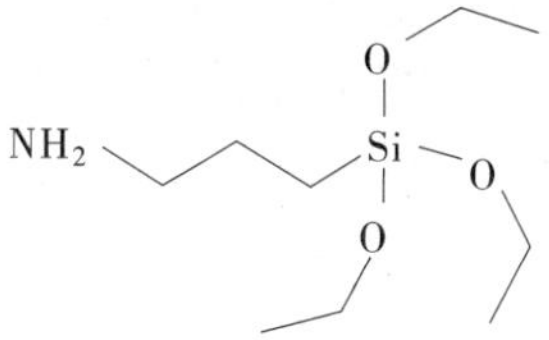

(a)3-氨丙基三乙氧基硅烷 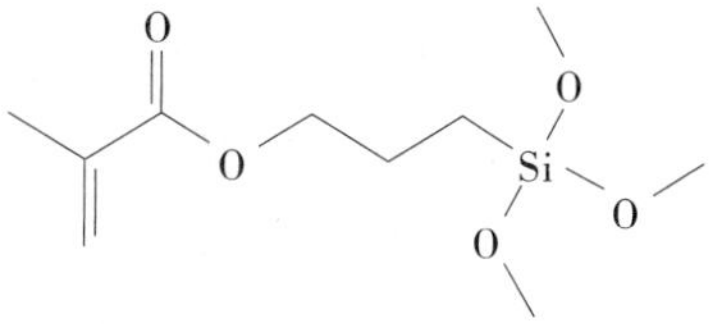   (b)3-甲基丙烯酰氧基丙基三甲氧基硅烷

图 4-1 硅烷改性剂分子式

4.2.3.3 纳米结晶纤维素/脲醛树脂复合材料的制备

利用共混法(张长生 等,2005)制备纳米结晶纤维素/脲醛树脂复合材料,将表面改性的纳米结晶纤维素颗粒在 60 ℃ 干燥 48 h 后,按照质量分数 0.5%、1.0%、1.5% 和 2.0% 分别加入脲醛树脂胶黏剂中。利用超声处理使改性纳米结晶纤维素颗粒均匀分散在脲醛树脂基材中,超声功率为 800 W,处理总时间为 15 min,工作方式为间歇式操作,每工作 10 s 会间隔 5 s,防止超声过程产生的能量使复合材料的温度过快上升从而造成纳米结晶纤维素的变性(杨桂娣 等,2004)。

4.2.3.4 胶合板的制备

三层杨木单板被黏合成一张胶合板,每一张胶合板需要使用 60 g 改性的脲醛树脂胶黏剂,一张压制好的胶合板的厚度为 1.5 mm。由于试验采用两种不同的表面改性剂,每一种改性纳米结晶纤维素有 4 种用量,所以共制备 8 组胶合板,另外,有一组使用未加入改性纳米结晶纤维素的脲醛树脂胶黏剂制备的胶合板作为空白对照组。胶合板制备过程中的压制温度为 120 ℃,压力为 1 MPa,添加质量分数为 10% 的氯化铵作为固化剂。每制备一块胶合板所需的时间为 5 min,其中施加压力的时间为 280 s。

4.2.3.5 纤维板的制备

将 630 g 绝干杨木纤维与 135 g 改性脲醛树脂胶黏剂混合均匀后压制成厚度为 1.0 cm 的纤维板,每一种改性纳米结晶纤维素在脲醛树脂胶黏剂中有 4 种用量,另有一组使用未加入改性纳米结晶纤维素的脲醛树脂胶黏剂制备的纤维板作为空白对照组。纤维板的压制温度为 160 ℃,压力为 3.0 MPa,压制时间为 600 s。

4.2.4 改性纳米结晶纤维素结构性能的表征方法

4.2.4.1 **接枝率**(Grafting ratio)

纳米结晶纤维素分别经过 3 − 氨丙基三乙氧基硅烷和 3 − 甲基丙烯酰氧基丙基三甲氧基硅烷表面改性后可以在其表面引入氨基和烷基,对经过表面改性的纳米结晶纤维素颗粒进行称重可以测定和表征其表面疏水性官能团的接枝率,按照式(4-1)进行计算:

$$GR = (\frac{w - w_0}{w_0}) \times 100\% \tag{4-1}$$

式中:GR 为接枝率;w 为经过丙酮抽提的分别被 3 − 氨丙基三乙氧基硅烷和 3 − 甲基丙烯酰氧基丙基三甲氧基硅烷改性的纳米结晶纤维素的质量;w_0 为未经表面改性的纳米结晶纤维素的质量。

4.2.4.2 **接触角**(CA)测定

本章利用接触角测定来分析改性纳米结晶纤维素与脲醛树脂间的兼容性,用脲醛树脂胶黏剂作为接触液体,将干燥的改性纳米结晶纤维素在 8.0 MPa 的压力下制成直径为 1.0 cm 的圆片,将一滴脲醛树脂胶黏剂滴在圆片上并记录液滴的形状,利用图片分析软件计算接触角。

4.2.4.3 **热分析**(TG)

本章采用 DTG − 60 型热重分析仪对 3 − 氨丙基三乙氧基硅烷和3 − 甲基丙烯酰氧基丙基三甲氧基硅烷改性纳米结晶纤维素颗粒进行热解重力分析。测试过程中采用 Al_2O_3 作为参照物,并辅以氮气保护,氮气流量为 20 ~ 30 mL/min,压力为 0.3 MPa。每个样品检测时,在连续通氮气的情况下,以 10 ℃/min 的速率从室温升到 500 ℃。

4.2.5 纳米结晶纤维素/脲醛树脂复合材料结构性能的表征方法

扫描电子显微镜被用来测定改性纳米结晶纤维素颗粒在脲醛树脂复合材料中的分散状态,复合材料被切片制成样品后粘在导电胶带上并进行喷金,观测电压是 15 kV。

4.2.6 胶合板性能的测定方法

利用添加了表面改性纳米结晶纤维素颗粒的脲醛树脂胶黏剂制备成胶合

板,并按照《人造板及饰面人造板理化性能试验办法》(GB/T 17657—2013)测定其游离甲醛释放量,具体方法如下:将利用含有改性纳米结晶纤维素的脲醛树脂胶黏剂制备而成的胶合板裁切成长为150 mm、宽为50 mm的长方形试件20片,然后在密封容器中将胶合板置于乙酰丙酮和乙酸铵混合溶液上方静置。脲醛树脂胶黏剂中的游离甲醛与乙酰丙酮反应生成二甲基吡啶,通过测定该产物在412 nm处的吸光度来计算胶合板游离甲醛的释放量。由改性脲醛树脂胶黏剂制备的胶合板的内结合强度根据《普通胶合板》(GB/T 9846—2015)测定,将含有改性纳米结晶纤维素的胶合板裁切成长为100 mm、宽为25 mm的长方形试件,在试件正反两面中间间隔25 mm的位置各开一个槽,槽口深度应锯过芯板到胶层为止,然后放入63 ℃的水浴中加热3 h,将样品取出冷却至常温后用万能力学实验机测定其内结合强度。

4.2.7　纤维板性能的测定方法

按照《人造板及饰面人造板理化性能试验办法》(GB/T 17657—2013)对利用改性纳米结晶纤维素/脲醛树脂复合材料制备的纤维板的游离甲醛释放量和抗弯强度进行测定,具体方法如下:对游离甲醛释放量的测定需要将纤维板样品放入甲苯溶液中通过液固萃取将脲醛树脂中的甲醛溶出,然后通过液液萃取将甲苯中的甲醛转移到水中,水中的甲醛含量可以通过测定其与乙酰丙酮反应生成的二甲基吡啶在412 nm处的吸光度而获得。纤维板抗弯强度的测定过程需要外观尺寸为250 mm×50 mm×10 mm的样品,然后将样品的两端放于支架上,并在样品中间施加静态作用力,直至样品被破坏,测试过程需要在温度为20 ℃、相对湿度为65%的条件下进行。

4.3　改性纳米结晶纤维素及脲醛树脂复合材料的表征

4.3.1　改性纳米结晶纤维素的结构和性能表征

4.3.1.1　改性纳米结晶纤维素的疏水性基团接枝率

将3-氨丙基三乙氧基硅烷和3-甲基丙烯酰氧基丙基三甲氧基硅烷作为纳米结晶纤维素颗粒的表面改性剂,可以在纳米结晶纤维素表面分别引入氨基和烷基取代其羟基,从而提高纳米颗粒与脲醛树脂基材之间的相容性。对纳米结晶纤维素颗粒进行表面改性的主要原理是,通过水解反应将3-氨丙基三乙氧基硅烷和3-甲基丙烯酰氧基丙基三甲氧基硅烷结构中的烷氧基团水解成硅醇基团,而未经改性的纳米结晶纤维素颗粒表面覆盖有大量醇羟基,水解后的改性剂可以通过形成稳定的共价键将纳米结晶纤维素颗粒表面的部分醇羟基取代,同时降低其表面能并提高分散性。纳米结晶纤维素的化学结构会被通过接枝反应引入颗粒表面的改性剂烃链限制,从而避免润胀的发生,也可以在脲醛树脂基材和改性纳米结晶纤维素颗粒之间形成稳定的交联网络结构。上述反应过程如图 4-2 和图 4-3 所示。

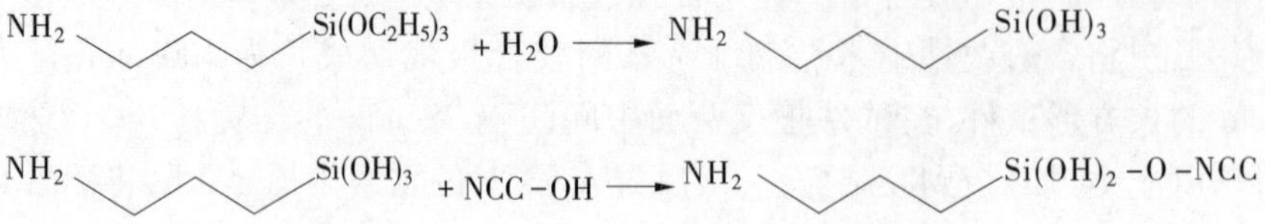

$$NH_2 \text{———} Si(OC_2H_5)_3 + H_2O \longrightarrow NH_2 \text{———} Si(OH)_3$$

$$NH_2 \text{———} Si(OH)_3 + NCC\text{–}OH \longrightarrow NH_2 \text{———} Si(OH)_2 \text{–}O\text{–}NCC$$

图 4-2　3 – 氨丙基三乙氧基硅烷对纳米结晶纤维素颗粒的表面改性过程

$$H_2C \text{==} C\text{—}C\text{—}O\text{-----}Si(OCH_3)_3 + H_2O \longrightarrow H_2C\text{==}C\text{—}C\text{—}O\text{-----}Si(OH)_3$$
（CH_3）

$$H_2C\text{==}C\text{—}C\text{—}O\text{-----}Si(OH)_3 + NCC\text{–}OH \longrightarrow H_2C\text{==}C\text{—}C\text{—}O\text{-----}Si(OH)_2\text{—}O\text{—}NCC$$
（CH_3）

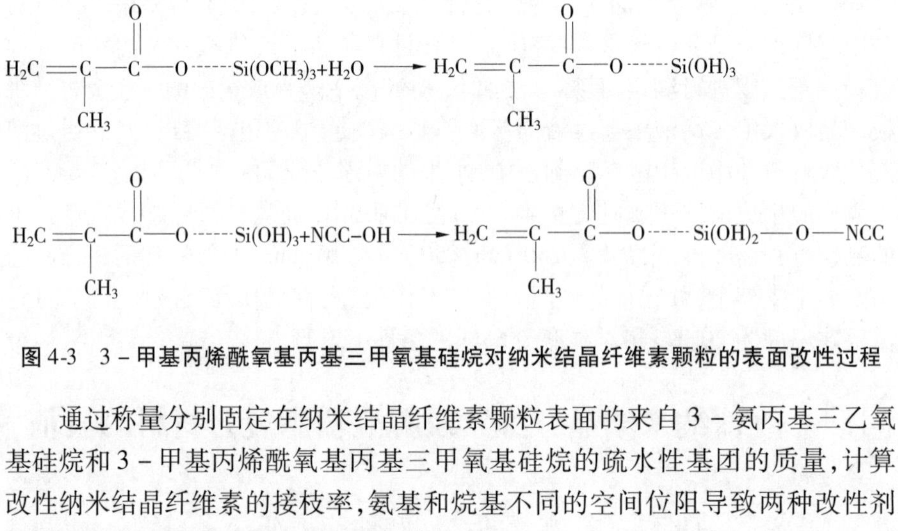

图 4-3　3 – 甲基丙烯酰氧基丙基三甲氧基硅烷对纳米结晶纤维素颗粒的表面改性过程

　　通过称量分别固定在纳米结晶纤维素颗粒表面的来自 3 – 氨丙基三乙氧基硅烷和 3 – 甲基丙烯酰氧基丙基三甲氧基硅烷的疏水性基团的质量,计算改性纳米结晶纤维素的接枝率,氨基和烷基不同的空间位阻导致两种改性剂在纳米结晶纤维素表面造成的接枝率不同。

　　如图 4-4 所示,当表面改性剂的用量为 4% 时,3 – 氨丙基三乙氧基硅烷在纳米结晶纤维素颗粒的表面接枝率为 20.4%,明显高于 3 – 甲基丙烯酰氧基丙基三甲氧基硅烷改性所导致的纳米结晶纤维素颗粒 16.1% 的表面接枝率。随着表面改性剂的用量继续增加,改性纳米结晶纤维素颗粒接枝率的增加速度逐渐减慢,当 3 – 氨丙基三乙氧基硅烷和 3 – 甲基丙烯酰氧基丙基三甲氧基硅烷的用量为 6% 时,纳米结晶纤维素颗粒的接枝率分别达到 21.9% 和

19.4%。改性剂对纳米结晶纤维素的用量过大时,疏水性基团的空间位阻会抑制表面接枝反应的进行,并使纳米结晶纤维素颗粒表面疏水性基团的接枝率趋于稳定,质量分数为8%的3-氨丙基三乙氧基硅烷改性处理可导致纳米结晶纤维素颗粒的接枝率达到22.1%,而经过8%用量的3-甲基丙烯酰氧基丙基三甲氧基硅烷改性的纳米结晶纤维素颗粒表面接枝率达到20.3%。

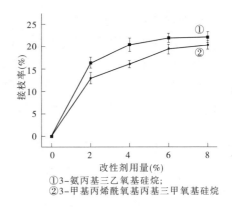

①3-氨丙基三乙氧基硅烷;
②3-甲基丙烯酰氧基丙基三甲氧基硅烷

图 4-4   改性纳米结晶纤维素颗粒的接枝率

4.3.1.2   改性纳米结晶纤维素与脲醛树脂间的接触角

纳米结晶纤维素对脲醛树脂的浸润能力会随着该纳米颗粒表面结构的变化而发生改变(Barba et al,2010),测定接触角是一种用来反映纳米颗粒表面结构的简单方法,在经过表面改性后使用接触角来表征纳米结晶纤维素的表面羟基被来自3-氨丙基三乙氧基硅烷和3-甲基丙烯酰氧基丙基三甲氧基硅烷的疏水性基团取代对其浸润性的影响规律(见图4-5)。

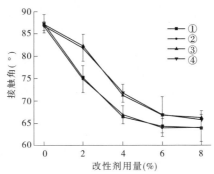

①3-氨丙基三乙氧基硅烷改性纳米结晶纤维素左侧接触角;
②3-氨丙基三乙氧基硅烷改性纳米结晶纤维素右侧接触角;
③3-甲基丙烯酰氧基丙基三甲氧基硅烷改性纳米结晶纤维素左侧接触角;
④3-甲基丙烯酰氧基丙基三甲氧基硅烷改性纳米结晶纤维素右侧接触角

图 4-5   改性纳米结晶纤维素接触角

改性纳米结晶纤维素与脲醛树脂基材之间的浸润性由于分别受到来自3-氨丙基三乙氧基硅烷和3-甲基丙烯酰氧基丙基三甲氧基硅烷的氨基和

烷基的影响而得到不同程度的改善。如图4-5①和②所示,使用3-氨丙基三乙氧基硅烷对纳米结晶纤维素进行表面改性,使纳米结晶纤维素与脲醛树脂之间的接触角明显下降:原始纳米结晶纤维素与脲醛树脂胶黏剂的左侧接触角和右侧接触角分别为87.2°和86.7°,经过4%的3-氨丙基三乙氧基硅烷改性后纳米结晶纤维素的左侧接触角和右侧接触角分别下降到66.5°和66.9°,而当3-氨丙基三乙氧基硅烷的浓度为8%时,表面改性纳米结晶纤维素与脲醛树脂基材之间的浸润性相比对照组的提高幅度可达26.4%。由于烷基在纳米结晶纤维素颗粒表面的接枝率较低,3-甲基丙烯酰氧基丙基三甲氧基硅烷对纳米结晶纤维素颗粒浸润性的改善效果略差(见图4-5③和④)。当3-甲基丙烯酰氧基丙基三甲氧基硅烷的浓度为4%时,纳米结晶纤维素与脲醛树脂胶黏剂基材的左侧接触角和右侧接触角分别为71.7°和71.2°,当3-甲基丙烯酰氧基丙基三甲氧基硅烷的浓度提高为8%时,表面改性纳米结晶纤维素对脲醛树脂基材的浸润性比对照组提高了24.1%。表面改性纳米结晶纤维素与脲醛树脂胶黏剂之间接触角的下降表明通过3-氨丙基三乙氧基硅烷和3-甲基丙烯酰氧基丙基三甲氧基硅烷的改性引入纳米结晶纤维素结构中的氨基和烷基可以有效降低纳米颗粒的表面能,并改善其对脲醛树脂基材的浸润能力。

4.3.1.3 改性纳米结晶纤维素的热重(TG)分析

在表面接枝改性过程中,不同的表面改性剂可以对纳米结晶纤维素颗粒的结构产生不同的影响,从而导致其热稳定性发生不同的变化(Eyholzer et al,2010)。经过3-氨丙基三乙氧基硅烷改性可以在纳米结晶纤维素颗粒表面引入氨基,而3-甲基丙烯酰氧基丙基三甲氧基硅烷的改性可在纳米结晶纤维素颗粒表面引入烷基,利用热重分析对两种疏水性基团的引入所导致的纳米结晶纤维素热行为的改变进行深入研究,热重分析曲线如图4-6所示。

如图4-6所示,经过改性处理的纳米结晶纤维素的失重现象均发生在280~320 ℃,其主要原因是纳米结晶纤维素颗粒的晶格在这个温度范围内发生了热降解和退化,经过两种改性剂处理纳米结晶纤维素均为一步分解,并没有出现分步失重,这说明改性后的纳米结晶纤维素热膨胀系数稳定。如图4-6(a)所示,随着改性剂3-氨丙基三乙氧基硅烷用量的增加,表面改性纳米结晶纤维素的热重分析峰值从281.8 ℃提高到316.5 ℃,增加了12.3%,表明疏水性基团对纳米结晶纤维素表面羟基的取代显著降低了其表面能,推迟了失重现象的出现。当3-氨丙基三乙氧基硅烷的用量大于4%时,纳米结晶纤维素的内部结晶结构会受到改性剂的破坏,开始出现硅烷化并导致改性纳

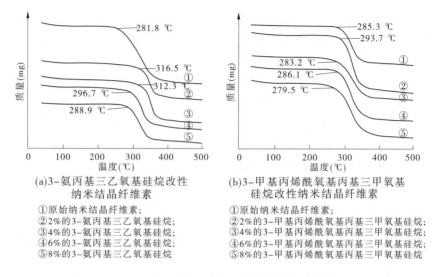

（a）3-氨丙基三乙氧基硅烷改性
纳米结晶纤维素

①原始纳米结晶纤维素；
②2%的3-氨丙基三乙氧基硅烷；
③4%的3-氨丙基三乙氧基硅烷；
④6%的3-氨丙基三乙氧基硅烷；
⑤8%的3-氨丙基三乙氧基硅烷

（b）3-甲基丙烯酰氧基丙基三甲氧基
硅烷改性纳米结晶纤维素

①原始纳米结晶纤维素；
②2%的3-甲基丙烯酰氧基丙基三甲氧基硅烷；
③4%的3-甲基丙烯酰氧基丙基三甲氧基硅烷；
④6%的3-甲基丙烯酰氧基丙基三甲氧基硅烷；
⑤8%的3-甲基丙烯酰氧基丙基三甲氧基硅烷

图4-6 表面改性纳米结晶纤维素的热稳定性

米结晶纤维素的热稳定性下降明显（Gousse et al，2002）；当3-氨丙基三乙氧基硅烷的用量为8%时，改性纳米颗粒的失重现象发生温度为288.9 ℃。3-甲基丙烯酰氧基丙基三甲氧基硅烷的改性效果与3-氨丙基三乙氧基硅烷有着明显的不同，改性后的纳米结晶纤维素颗粒热稳定性的提高不明显。如图4-6（b）所示，当3-甲基丙烯酰氧基丙基三甲氧基硅烷的用量为2%时，表面改性纳米结晶纤维素的失重温度从对照组的285.3 ℃提高到293.7 ℃，仅提高了2.9%，其幅度远小于用量2%的3-氨丙基三乙氧基硅烷导致的增加，该现象说明3-甲基丙烯酰氧基丙基三甲氧基硅烷引入的烷基对纳米结晶纤维素的表面能等的改善作用较小；3-甲基丙烯酰氧基丙基三甲氧基硅烷的用量大于2%时改性纳米结晶纤维素颗粒的失重温度有轻微下降，硅烷化对纳米结晶纤维素结构的破坏是热稳定性下降的主要原因，8%的3-甲基丙烯酰氧基丙基三甲氧基硅烷导致纳米结晶纤维素的失重现象发生在279.5 ℃。

4.3.2 纳米结晶纤维素/脲醛树脂复合材料扫描电镜（SEM）分析

纳米结晶纤维素的表面羟基在3-氨丙基三乙氧基硅烷和3-甲基丙烯酰氧基丙基三甲氧基硅烷改性的过程中被氨基和烷基取代，表面能较高的基团被取代后可以显著改善纳米结晶纤维素颗粒在脲醛树脂基材中的分散状态。分别经过质量分数为6%的3-氨丙基三乙氧基硅烷和3-甲基丙烯酰氧基丙基三甲氧基硅烷改性处理的纳米结晶纤维素与脲醛树脂复合材料的扫描电镜分析如图 4-7 所示,改性后的纳米结晶纤维素颗粒在脲醛树脂基材中的分散状态与纳米颗粒的浓度有关。图 4-7(a)~(d)分别表示质量分数为0.5%、1.0%、1.5% 和 2.0% 的 3-氨丙基三乙氧基硅烷改性纳米结晶纤维素颗粒在脲醛树脂基材中的分散状态。3-氨丙基三乙氧基硅烷对于纳米结晶纤维素的表面接枝率较高,引入的氨基可以显著降低纳米结晶纤维素的表面能,改性纳米结晶纤维素颗粒在脲醛树脂基材中分散均匀;与 3-氨丙基三乙氧基硅烷相比,3-甲基丙烯酰氧基丙基三甲氧基硅烷对纳米结晶纤维素表面的烷基接枝率相对较低,当改性纳米结晶纤维素的质量分数小于 1.5% 时,纳米颗粒可以在脲醛树脂基材中均匀分散,但是由于 3-甲基丙烯酰氧基丙基三甲氧基硅烷对纳米结晶纤维素表面结构的改善有限,随着改性纳米结晶纤维素颗粒质量分数的增大,其分子间氢键的作用越发明显,当 3-甲基丙烯酰氧基丙基三甲氧基硅烷改性纳米结晶纤维素颗粒在脲醛树脂基材中的质量分数为 2.0% 时,纳米颗粒被观察到轻微的团聚(见图 4-7(e)~(h))。

4.3.3　胶合板性能的测定

4.3.3.1　游离甲醛释放量

改性纳米结晶纤维素颗粒的物理吸附和化学吸附是造成胶合板中游离甲醛释放量下降的主要原因。表面改性纳米结晶纤维素颗粒的物理吸附作用是指由于改性纳米结晶纤维素的比表面积巨大,所以可以通过物理吸附作用将游离的甲醛分子固定从而减少其排放(赵士铎,1999);而化学吸附是指纳米结晶纤维素颗粒表面的大量活性羟基可以与甲醛分子发生化学反应,通过产生稳定的共价键等连接从而减少游离甲醛分子的释放,是降低游离甲醛释放量的主要途径(杨桂娣 等,2004)。经过 3-氨丙基三乙氧基硅烷和 3-甲基丙烯酰氧基丙基三甲氧基硅烷改性处理的纳米结晶纤维素具有不同的表面结构和分散性,对胶合板用脲醛树脂胶黏剂的游离甲醛释放量可以造成不同的影响,分别添加不同用量的 3-氨丙基三乙氧基硅烷和 3-甲基丙烯酰氧基丙基三甲氧基硅烷改性纳米结晶纤维素的胶合板游离甲醛释放量如图 4-8 所示。

由于 3-氨丙基三乙氧基硅烷和 3-甲基丙烯酰氧基丙基三甲氧基硅烷结构的不同,在改性纳米结晶纤维素颗粒的过程中,引入其表面的氨基和烷基具有不同的接枝率,并会产生不同的空间位阻,不但可以抑制纳米结晶纤维素颗粒对游离甲醛的物理吸附,同时会对化学吸附产生明显的影响。原始脲醛树脂胶黏剂的游离甲醛释放量为 0.47 mg/L,添加改性纳米结晶纤维素颗粒

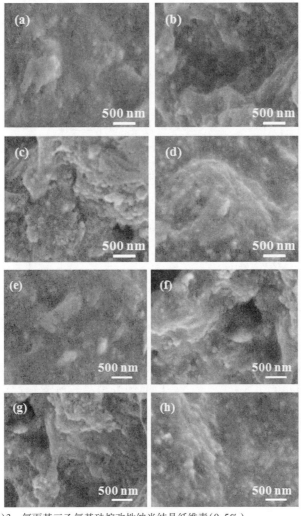

（a）3－氨丙基三乙氧基硅烷改性纳米结晶纤维素（0.5%）；

（b）3－氨丙基三乙氧基硅烷改性纳米结晶纤维素（1.0%）；

（c）3－氨丙基三乙氧基硅烷改性纳米结晶纤维素（1.5%）；

（d）3－氨丙基三乙氧基硅烷改性纳米结晶纤维素（2.0%）；

（e）3－甲基丙烯酰氧基丙基三甲氧基硅烷改性纳米结晶纤维素（0.5%）；

（f）3－甲基丙烯酰氧基丙基三甲氧基硅烷改性纳米结晶纤维素（1.0%）；

（g）3－甲基丙烯酰氧基丙基三甲氧基硅烷改性纳米结晶纤维素（1.5%）；

（h）3－甲基丙烯酰氧基丙基三甲氧基硅烷改性纳米结晶纤维素（2.0%）

图4-7　含有不同浓度表面改性纳米结晶纤维素颗粒的纳米结晶纤维素
脲醛树脂复合材料的扫描电镜分析

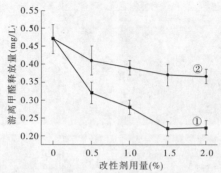

①3-氨丙基三乙氧基硅烷改性纳米结晶纤维素;
②3-甲基丙烯酰氧基丙基三甲氧基硅烷改性纳米结晶纤维素

图4-8　添加改性纳米结晶纤维素颗粒的胶合板的游离甲醛释放量

后游离甲醛的释放得到了显著的降低。向脲醛树脂中添加1.5%的3－氨丙基三乙氧基硅烷改性纳米结晶纤维素颗粒时,可以将脲醛树脂基材的游离甲醛释放量由0.47 mg/L降低到0.22 mg/L(其下降幅度为53.2%);由于3－甲基丙烯酰氧基丙基三甲氧基硅烷分子链导致的空间位阻较大,使用1.5%的3－甲基丙烯酰氧基丙基三甲氧基硅烷改性纳米结晶纤维素时可以将脲醛树脂胶黏剂的游离甲醛释放量由0.47 mg/L降低到0.37 mg/L(其下降幅度略低,仅为21.3%)。均匀分散的纳米结晶纤维素颗粒对游离甲醛的吸附作用很明显,但是当改性纳米结晶纤维素的浓度继续上升时,纳米颗粒在脲醛树脂基材中开始出现团聚现象,分子间氢键的形成导致纳米结晶纤维素表面活性羟基数量急剧下降,从而影响纳米结晶纤维素颗粒对脲醛树脂胶黏剂中游离甲醛的吸附效果。

4.3.3.2　内结合强度

由于纳米结晶纤维素颗粒具有高强度和高反应活性等特点,在向脲醛树脂基材中添加改性纳米结晶纤维素颗粒降低游离甲醛释放量的同时,也会通过交联作用对胶合板的内结合强度产生一定程度的改善效果(郑亚萍 等,2001)。由于3－氨丙基三乙氧基硅烷和3－甲基丙烯酰氧基丙基三甲氧基硅烷分别向纳米结晶纤维素表面引入了氨基和烷基,不同的疏水性基团会导致改性纳米结晶纤维素颗粒与脲醛树脂胶黏剂基材间形成不同类型的网络结构(李西忠,1998)。

均匀分散在脲醛树脂胶黏剂基材中的纳米结晶纤维素颗粒可以通过分子

间氢键或者共价键形成交联网络,以提高脲醛树脂基材的内结合强度,改善效果如图 4-9 所示。未添加改性纳米结晶纤维素颗粒的脲醛树脂胶黏剂的内结合强度为 0.72 MPa,向脲醛树脂基材中添加用量为 1.5% 的 3-氨丙基三乙氧基硅烷改性纳米结晶纤维素颗粒可以使脲醛树脂胶黏剂的内结合强度增加到 0.89 MPa,其增加幅度可达 23.6%。相比 3-氨丙基三乙氧基硅烷改性的纳米结晶纤维素颗粒,经过 3-甲基丙烯酰氧基丙基三甲氧基硅烷改性处理的纳米结晶纤维素颗粒对脲醛树脂内结合强度的增强作用相对较弱,在用量为 1.5% 时仅使复合材料的内结合强度提高 7.0% (从 0.72 MPa 增加到了 0.77 MPa)。改性纳米结晶纤维素颗粒对脲醛树脂基材的改善作用会随着纳米结晶纤维素用量的增加而逐渐减慢,主要是由于改性纳米结晶纤维素导致的增强作用与其分散效果关系密切(肖安国 等,2006)。当 3-氨丙基三乙氧基硅烷改性纳米结晶纤维素颗粒的用量为 2% 时,脲醛树脂/纳米结晶纤维素复合材料的内结合强度开始下降,而利用 3-甲基丙烯酰氧基丙基三甲氧基硅烷进行表面改性的纳米结晶纤维素颗粒在用量为 1.5% 时就会使复合材料的内结合强度降低,这与纳米结晶纤维素颗粒在脲醛树脂基材中的分散情况基本吻合。

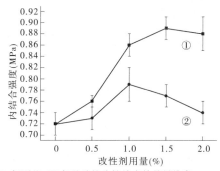

①3-氨丙基三乙氧基硅烷改性纳米结晶纤维素;
②3-甲基丙烯酰氧基丙基三甲氧基硅烷改性纳米结晶纤维素

图 4-9 添加改性纳米结晶纤维素颗粒的脲醛树脂胶黏剂的内结合强度

4.3.4 纤维板性能的测定

纤维板的理化性能受其密度的影响较大,分别利用 3-氨丙基三乙氧基硅烷和 3-甲基丙烯酰氧基丙基三甲氧基硅烷改性纳米结晶纤维素与脲醛树脂胶黏剂复合材料制备而成的纤维板的密度相对稳定,如表4-3所示。

表4-3　含有不同用量改性纳米结晶纤维素的纤维板的密度

纳米结晶纤维素用量（%）		0	0.5	1.0	1.5	2.0
密度（kg/m³）	3－氨丙基三乙氧基硅烷改性纳米结晶纤维素	756	770	769	765	775
	3－甲基丙烯酰氧丙基三甲氧基硅烷改性纳米结晶纤维素	756	761	757	772	768

4.3.4.1　游离甲醛释放量

表面改性纳米结晶纤维素颗粒在脲醛树脂基材中的物理吸附和化学吸附也是造成纤维板游离甲醛释放量下降的主要原因,其中依靠稳定的共价键而产生的化学吸附作用占主导地位(杨桂娣 等,2004)。不同添加量的3－氨丙基三乙氧基硅烷和3－甲基丙烯酰氧丙基三甲氧基硅烷改性纳米结晶纤维素对纤维板游离甲醛释放量的影响如图4-10所示。

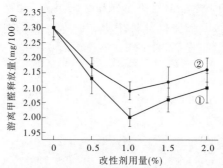

①3－氨丙基三乙氧基硅烷改性纳米结晶纤维素;
②3－甲基丙烯酰氧丙基三甲氧基硅烷改性纳米结晶纤维素

图4-10　添加改性纳米结晶纤维素颗粒的纤维板的游离甲醛释放量

分别由3－氨丙基三乙氧基硅烷和3－甲基丙烯酰氧丙基三甲氧基硅烷改性的纳米结晶纤维素颗粒对纤维板中脲醛树脂胶黏剂的游离甲醛释放量有不同的影响。未添加改性纳米结晶纤维素时,纤维板的游离甲醛释放量为2.30 mg/100 g,随着改性纳米结晶纤维素的添加,游离甲醛的释放量得到明显的降低;当3－氨丙基三乙氧基硅烷改性纳米结晶纤维素的用量为1.0%时,纤维板的游离甲醛释放量下降了13.0%,而同样用量的3－甲基丙烯酰氧基丙基三甲氧基硅烷改性纳米结晶纤维素,导致甲醛释放量从2.30 mg/100 g

降至 2.09 mg/100 g。由于改性纳米结晶纤维素颗粒在纤维板中的分散性受用量影响显著,当用量超过 1.0%时,纳米结晶纤维素对甲醛分子的反应活性开始下降,并导致其对游离甲醛的吸附作用减弱。

4.3.4.2 抗弯强度

纤维板的抗弯强度依靠改性纳米结晶纤维素在脲醛树脂与纤维间形成的共价键或者氢键网络结构而得到改善(肖安国 等,2006)。3 - 氨丙基三乙氧基硅烷和 3 - 甲基丙烯酰氧基丙基三甲氧基硅烷的改性可分别向纳米结晶纤维素颗粒表面引入不同的疏水性基团,进而对纤维板中网络结构的形成效率产生不同的影响。改性纳米结晶纤维素对纤维板抗弯强度的改善效果如图 4-11 所示。

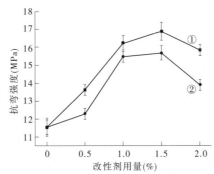

①3-氨丙基三乙氧基硅烷改性纳米结晶纤维素;
②3-甲基丙烯酰氧基丙基三甲氧基硅烷改性纳米结晶纤维素

图 4-11　添加改性纳米结晶纤维素颗粒的纤维板的抗弯强度

3 - 氨丙基三乙氧基硅烷改性纳米结晶纤维素颗粒在脲醛树脂基材中的分散性能较好,当 3 - 氨丙基三乙氧基硅烷改性纳米结晶纤维素的用量为 1.5%时,纤维板的抗弯强度从对照组的 11.55 MPa 提高至 16.87 MPa,提高了 46.1%,明显高于同样用量的 3 - 甲基丙烯酰氧基丙基三甲氧基硅烷改性纳米结晶纤维素导致的 35.7%的改善效果。随着改性纳米结晶纤维素用量的提高,纳米颗粒的分散性受到影响,当 3 - 氨丙基三乙氧基硅烷改性纳米结晶纤维素颗粒的用量为 2.0%时,纤维板抗弯强度的下降较轻微,但是质量分数为 2.0%的 3 - 甲基丙烯酰氧基丙基三甲氧基硅烷改性纳米结晶纤维素团聚现象比较明显并导致抗弯强度下降至 13.89 MPa。

4.3.5 改性纳米结晶纤维素对脲醛树脂的改良机制

纳米结晶纤维素不但具有较高的机械强度,同时其表面也有大量活性基团,可以与脲醛树脂及木材发生交联反应,在降低胶合板和纤维板游离甲醛释放量的基础上改善其力学性能(王海峰 等,2009)。

利用脲醛树脂胶黏剂制成的人造板会在生产和使用过程中释放甲醛,虽然在高温、高湿的环境下板材中的半纤维素也会分解产生一定量的甲醛,但是来自脲醛树脂胶黏剂的游离甲醛是人造板甲醛的主要来源(赵临五 等,2005;Levendis et al,1992)。脲醛树脂胶黏剂中的甲醛释放主要包括尿素和甲醛的可逆加成、亚甲基醚键的断裂以及羟甲基的分解等三种方式(见图4-12)。

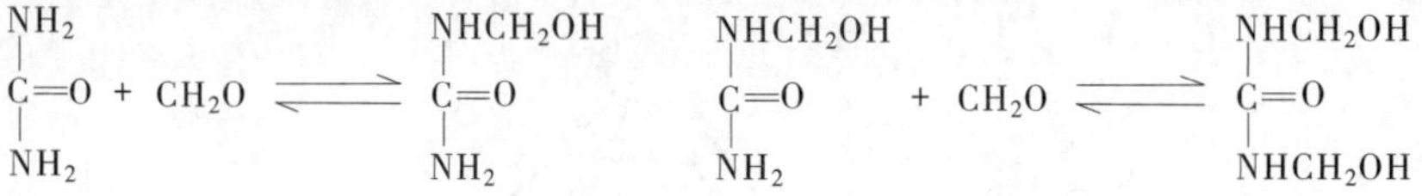

(a)尿素和甲醛的可逆加成

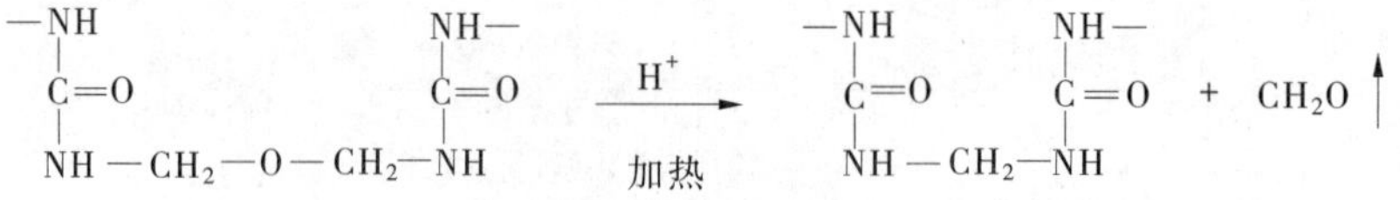

(b)亚甲基醚键的断裂

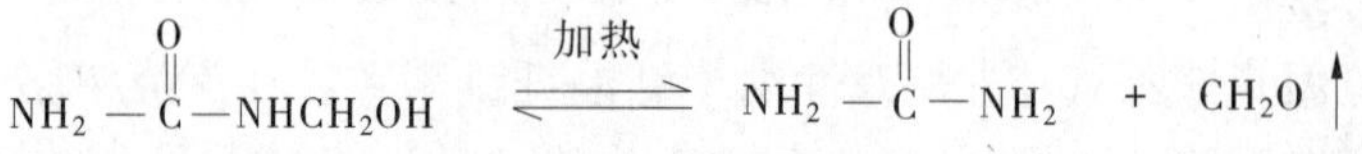

(c)羟甲基的分解

图 4-12 脲醛树脂胶黏剂中游离甲醛的来源

均匀分散的纳米结晶纤维素颗粒对脲醛树脂基材中游离甲醛的吸附主要包括物理吸附和化学吸附,其中以化学吸附为主,物理吸附起到辅助作用。纳米结晶纤维素对游离甲醛进行化学吸附的主要手段是通过纳米结晶纤维素表面的活性基团与甲醛分子反应生成稳定的共价键,其反应机制如图4-13 所示(林巧佳 等,2005;何文 等,2012)。

在改善利用脲醛树脂胶黏剂制备而成的胶合板和纤维板的游离甲醛释放量的同时,由于纳米结晶纤维素颗粒表面严重的配位不足导致的高反应活性

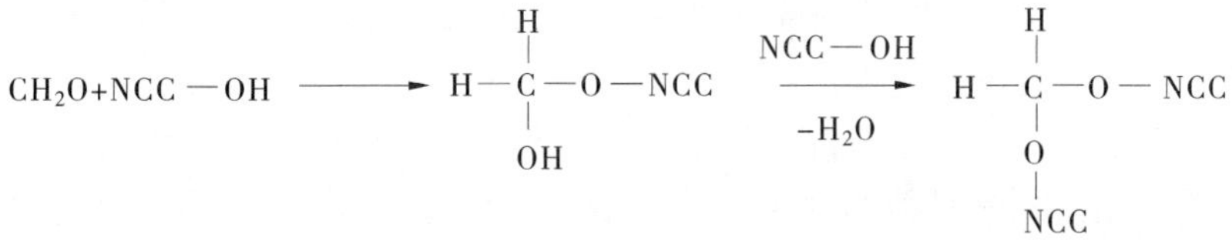

图4-13 甲醛分子与纳米结晶纤维素的缩醛反应

（夏松华 等,2008）,可以在脲醛树脂基材和毛白杨木材纤维间形成大量共价键或者氢键等连接,进而导致在黏合层中形成稳定的网络结构,能够显著提高脲醛树脂的内聚力和胶合强度（于晓芳 等,2013）。改性纳米结晶纤维素对脲醛树脂增强的反应机制如图4-14所示。

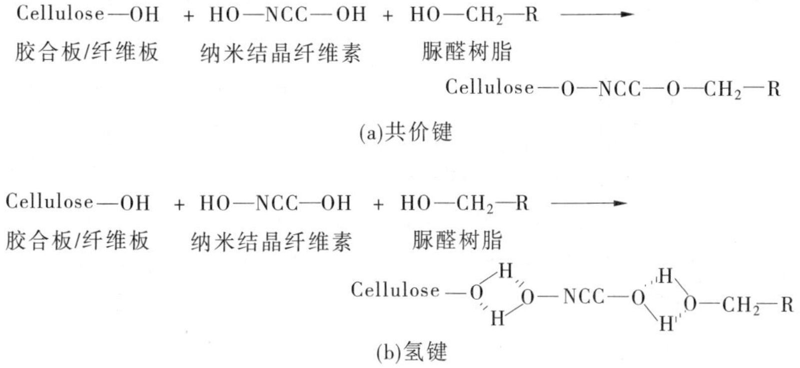

图4-14 纳米结晶纤维素对胶合板和纤维板的增强机制

4.4 本章小结

本章的研究内容主要涉及利用3－氨丙基三乙氧基硅烷和3－甲基丙烯酰氧基丙基三甲氧基硅烷对纳米结晶纤维素进行表面改性,以提高其分散性,然后制备成纳米结晶纤维素/脲醛树脂复合材料,以改善脲醛树脂基材的游离甲醛释放量和力学性能。通过研究得到如下结论:

(1)通过3－氨丙基三乙氧基硅烷和3－甲基丙烯酰氧基丙基三甲氧基硅烷的改性,可以分别在纳米结晶纤维素颗粒表面接枝引入氨基和烷基,由于氨基空间位阻较小,导致其对纳米结晶纤维素颗粒的接枝率明显高于烷基,所以3－氨丙基三乙氧基硅烷对改性纳米结晶纤维素与脲醛树脂基材间浸润性的改善效果优于 3 - 甲基丙烯酰氧基丙基三甲氧基硅烷。经过 3 - 氨丙基三乙氧基硅烷改性的纳米结晶纤维素颗粒的表面能下降明显,热稳定性也提高了 12.3% ,而利用 3 - 甲基丙烯酰氧基丙基三甲氧基硅烷的表面接枝改性仅使纳米结晶纤维素颗粒的失重温度从 285.3 ℃ 提高到 293.7 ℃(提高幅度为 2.9%)。

(2)表面改性纳米结晶纤维素颗粒可均匀分散在脲醛树脂基材中,其物理吸附作用和化学吸附作用是降低脲醛树脂胶黏剂中游离甲醛释放量的主要途径。与未添加改性纳米结晶纤维素颗粒的胶合板相比,含有 1.5% 的 3 - 氨丙基三乙氧基硅烷改性纳米结晶纤维素的胶合板游离甲醛释放量降低 53.2% ,而添加同样用量的 3 - 甲基丙烯酰氧基丙基三甲氧基硅烷改性纳米结晶纤维素所造成的游离甲醛释放量下降幅度仅为 3 - 氨丙基三乙氧基硅烷改性纳米结晶纤维素的 1/2 ~ 1/3;表面改性纳米结晶纤维素的添加对纤维板游离甲醛释放量的改善效果较小。

(3)表面改性纳米结晶纤维素通过在脲醛树脂基材中形成网络结构来增强脲醛树脂胶黏剂的力学性能。与对照组相比,当经过 3 - 氨丙基三乙氧基硅烷表面改性处理的纳米结晶纤维素颗粒用量为 1.5% 时,胶合板的内结合强度从 0.72 MPa 提高了 0.89 MPa,增加了 23.6% ;3 - 甲基丙烯酰氧基丙基三甲氧基硅烷改性纳米结晶纤维素较差的分散性导致其增强效果相对较差,当用量为 1.5% 时,可以使脲醛树脂基材的内结合强度从 0.72 MPa 增加到 0.77 MPa,提高幅度为 7.0% ;当 3 - 氨丙基三乙氧基硅烷改性纳米结晶纤维素的用量为 1.5% 时,纤维板的抗弯强度提高了 46.1% ,而同样用量的 3 - 甲基丙烯酰氧基丙基三甲氧基硅烷改性纳米结晶纤维素仅使抗弯强度增强了 35.7% 。改性纳米结晶纤维素用量过大会引起纳米颗粒的团聚,导致其对脲醛树脂胶黏剂力学强度的改善效果下降。

第5章 纳米结晶纤维素改性丙烯酸酯涂料的性能和机制研究

5.1 丙烯酸酯涂料的研究现状

丙烯酸酯历史悠久,最早发现于19世纪,到20世纪初期就已经实现了单体的商品化,其结构如图5-1所示(汪长春 等,2005)。近几十年来,世界各国对丙烯酸酯涂料进行了全方位的开发,使其涉及涂料应用的各个领域。

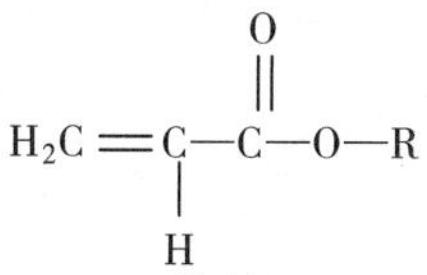

$$H_2C = \overset{\displaystyle |}{\underset{\displaystyle H}{C}} - \overset{\displaystyle O}{\overset{\displaystyle \|}{C}} - O - R$$

R=烷基

图5-1 丙烯酸酯结构

丙烯酸酯涂料是一种以含官能团的丙烯酸酯树脂为主要基材的涂料,主要优点是颜色浅、固体成分含量高等,多用于汽车工业、家用电器以及航空材料等方面,是一种需求量较大的涂料品种。由于线型丙烯酸酯树脂分子上所含有的交联点少,导致涂层在成型过程中难以形成三维网状结构,涂膜硬度较低,易发生变形,而且涂层的抗污性能等较差,研究和开发新型的填料或者助剂以提高丙烯酸酯涂料的涂层硬度并降低其亲水性以改善抗污性能,对提高其应用性能具有重要意义。

常见的用于改善丙烯酸酯涂料性能的添加材料可以分为有机材料和无机材料两种。向丙烯酸酯涂料基材中添加有机硅树脂,可使其耐热性和耐寒性到达综合物性的平衡;另外,也可以导致丙烯酸酯基材获得良好的耐水性和耐候性(阚成友 等,2000;张贺 等,2011)。严薇 等(2011)利用自行合成的有机硅改性丙烯酸酯涂料,对涂层的耐洗刷性、耐冲击性和耐磨性起到一定的改善作用。由于丙烯酸酯树脂与普通有机硅的相容性较差,有机硅在基材中的分散并不均匀,于顺洋 等(2002)、Dieter et al(1996)从聚合物共混的角度考察不同种类及不同分散状态的有机硅对丙烯酸酯涂料耐水性、耐热型以及耐人工老化性等多种性能的影响规律。同时，无机填料也可以用于制备丙烯酸酯涂料复合材料，常见的如可将普通二氧化硅、纳米二氧化硅等添加到丙烯酸酯紫外光固化涂料中，以提高涂层的铅笔硬度、拉伸强度以及抗冲击强度等力学性能（徐钦昌 等，2013；陈立军 等，2009；马建中 等，2005）。

与常规有机和无机填料相比，纳米结晶纤维素是一种环境友好且具有生物降解性能的高分子材料（Zeng et al，2002；Luo et al，2009）。利用纳米结晶纤维素的高硬度、高反应活性等性能可使复合材料在机械、力学性能等方面得到显著提高（Li et al，2011；Eyholzer et al，2010）。以丙烯酸酯涂料为基材，添加纳米结晶纤维素颗粒制备而成的复合材料在力学、光学、抗水以及抗乙醇性能方面的改善效果在本章被深入探讨。

5.2 丙烯酸酯涂料复合材料的制备和表征

5.2.1 材料和试剂

本章试验所需的丙烯酸酯涂料购自同德涂料工业有限公司，单体是丙烯酸羟乙酯，固含量为52.3%；落叶松木片购自内蒙古。本章所使用的化学试剂如表5-1所示。

表5-1 化学试剂

试剂名称	分子式	生产厂家
3–（2,3–环氧丙氧）丙基三甲氧基硅烷（GPTMS）	$C_6H_{11}O_2Si(OCH_3)_3$	北京申达精细化工有限公司
3–甲基丙烯酰氧基丙基三甲氧基硅烷（MPS）	$C_7H_{11}O_2Si(OCH_3)_3$	北京申达精细化工有限公司
无水乙醇（Ethanol）	C_2H_5OH	北京化工厂
硫酸（Sulfuric acid）	H_2SO_4	北京化工厂
盐酸（Hydrochloric acid）	HCl	北京化工厂

试验中所用原料都没有经过任何提纯处理，改性用硅烷为化学纯，其余所有试剂均为分析纯，所用水均为去离子水。

5.2.2 仪器和设备

本章所用仪器和设备规格及来源如表5-2所示。

表5-2　仪器和设备规格及来源

仪器名称	型号	生产厂家
电子天平	FA1004N	上海精密科学仪器有限公司
电热磁力搅拌器	RCT 基本型	广州仪科实验室技术有限公司(IKA 中国分公司)
全自动新型鼓风干燥箱	ZRD – 7230	上海智城分析仪器制造有限公司
离心机	LD4 – 2A	北京京立离心机有限公司
冷冻干燥机	FD – 1D – 50	北京博医康实验仪器有限公司
高压均质机	NS1001L Panda	意大利 GEA Niro Soavi 公司
扫描电子显微镜(SEM)	S – 3000N	日本日立公司(Hitachi)
视频光学接触角测量仪	OCAH200	德国 Dataphysics 公司

5.2.3　纳米结晶纤维素及丙烯酸酯涂料复合材料的制备

5.2.3.1　纳米结晶纤维素颗粒的制备

落叶松纤维素的分离工艺同4.2.3。利用质量分数为25%的硫酸水溶液按照固液比1:6处理催化乙醇法分离获得的落叶松纤维素,在60 ℃水浴下处理5 h(全程对样品进行20 r/min 的搅拌),水解结束后将该水解纤维素在100 MPa 下进行6次均质处理,制成长度为100~200 nm、直径为20~50 nm 的纳米结晶纤维素颗粒,并在 –50 ℃冷冻干燥处理24 h获得干燥粉体。

5.2.3.2　纳米结晶纤维素的表面改性

以3 –(2,3 – 环氧丙氧)丙基三甲氧基硅烷(GPTMS)和3 – 甲基丙烯酰氧基丙基三甲氧基硅烷(MPS)作为纳米结晶纤维素颗粒的表面改性剂(见图5-2)来提高其分散性,表面改性过程的工艺条件同4.2.3。

5.2.3.3　纳米结晶纤维素/丙烯酸酯涂料复合材料的制备

将表面改性后的纳米结晶纤维素颗粒在60 ℃干燥48 h,然后利用共混法(张长生 等,2005)将质量分数为 0.5%、1.0%、1.5% 和 2.0% 的改性纳米结晶纤维素颗粒分别加入丙烯酸酯涂料中。采用高压均质法处理纳米结晶纤维素/丙烯酸酯涂料复合材料使纳米颗粒均匀分散,均质条件为:均质压力为100 MPa,每次均质处理100 g 纳米结晶纤维素/丙烯酸酯涂料复合材料需要

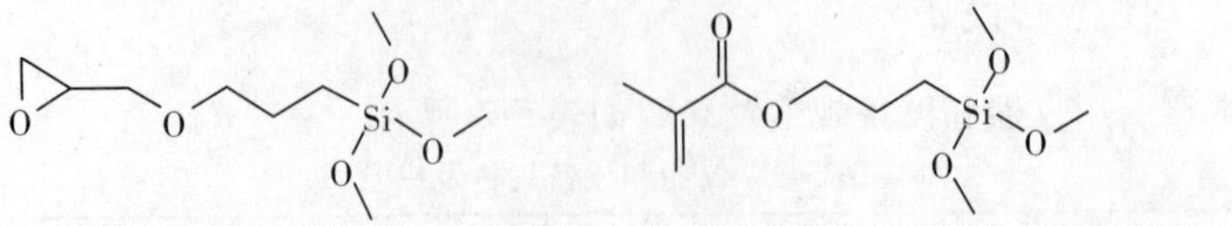

(a)3-(2,3-环氧丙氧)丙基三甲氧基硅烷 　　(b)3-甲基丙烯酰氧基丙基三甲氧基硅烷

图5-2　硅烷改性剂分子式

重复2次。

5.2.4　改性纳米结晶纤维素结构性能的表征方法

5.2.4.1　接枝率(Grafting ratio)

3-(2,3-环氧丙氧)丙基三甲氧基硅烷和3-甲基丙烯酰氧基丙基三甲氧基硅烷对纳米结晶纤维素的改性可以在其表面分别引入环氧基团和烷基,对改性后纳米结晶纤维素颗粒的表面官能团进行测定并以称重法表征其接枝率,按照式(5-1)进行计算:

$$GR = \left(\frac{w - w_0}{w_0}\right) \times 100\% \tag{5-1}$$

式中:GR 为接枝率;w 为经过丙酮抽提的分别被3-(2,3-环氧丙氧)丙基三甲氧基硅烷和3-甲基丙烯酰氧基丙基三甲氧基硅烷改性的纳米结晶纤维素的质量;w_0 为原始纳米结晶纤维素的质量。

5.2.4.2　接触角(CA)测定

丙烯酸酯涂料与纳米结晶纤维素颗粒间的接触角可以用来表征二者的兼容性。用丙烯酸酯涂料作为接触液体,将干燥的改性纳米结晶纤维素在10.0 MPa 的压力下制成直径为1.0 cm 的圆片,将丙烯酸酯涂料滴在圆片上并记录液滴的形状,利用视频光学接触角测量仪观察并计算接触角。

5.2.5　纳米结晶纤维素/丙烯酸酯涂料复合材料结构性能的表征方法

扫描电子显微镜被用来观察纳米结晶纤维素颗粒在纳米结晶纤维素/丙烯酸酯涂料复合材料中的分散状态,复合材料被切片后制成薄片粘在导电胶带上并喷金,观测电压是15 kV。

纳米结晶纤维素/丙烯酸酯涂料复合材料的镜面光泽度、耐磨性能和铅笔硬度按照《色漆和清漆 不含金属颜料的色漆漆膜20°、60°和85°镜面光泽的测定》(GB/T 9754—2007)、《色漆和清漆 耐磨性的测定 旋转橡胶砂轮法》(GB/T 1768—2006)和《色漆和清漆 铅笔法测定漆膜硬度》(GB/T 6739—2006)所述的方法进行测定。镜面光泽度的测定需要以75 μm厚的复合材料涂层作为检测对象,以一种折射率为1.567的玻璃作为空白对照组,将复合材料涂层的光泽度数值与对照组进行比较测定。丙烯酸酯涂料复合材料耐磨性能的测定需要利用转速为60 r/min的橡胶轮对复合材料涂层进行打磨,然后通过称量磨损量来表征,该测定需要在相对湿度(50±5)%且温度为(23±2)℃的条件下进行。铅笔硬度的测定要求测试对象为绝干的丙烯酸酯复合材料涂层,所使用铅笔与丙烯酸酯涂料涂层之间的夹角为45°,施加在铅笔上的载荷为750 g。纳米结晶纤维素/丙烯酸酯涂料复合材料的抗水性能和抗乙醇性能的测定需要分别将形状规整的干燥复合材料薄膜放置于水和乙醇中浸泡24 h,取出后用滤纸吸干表面水分或者表面乙醇,并计算样品的增重率即可。

5.3 改性纳米结晶纤维素及丙烯酸酯涂料复合材料的表征

5.3.1 改性纳米结晶纤维素的结构和性能表征

5.3.1.1 改性纳米结晶纤维素的疏水性基团接枝率

以3-(2,3-环氧丙氧)丙基三甲氧基硅烷和3-甲基丙烯酰氧基丙基三甲氧基硅烷作为纳米结晶纤维素颗粒的表面改性剂,对其进行水解后可以将其中的烷氧基水解成硅醇基团,通过与原始纳米结晶纤维素颗粒表面丰富的醇羟基反应生成稳定的共价键而接枝在纳米结晶纤维素的颗粒表面,从而将醇羟基取代以减少纳米结晶纤维素颗粒之间由于生成分子间氢键而导致的纳米颗粒团聚现象。硅烷的水解和改性反应的过程如图5-3和图5-4所示。

纳米结晶纤维素颗粒的表面结构在改性过程中受到3-(2,3-环氧丙氧)丙基三甲氧基硅烷和3-甲基丙烯酰氧基丙基三甲氧基硅烷影响,其表面羟基被水解后的改性剂接枝取代,通过接枝率的测定来表征纳米结晶纤维素表面的疏水性基团接枝效果。

由于3-(2,3-环氧丙氧)丙基三甲氧基硅烷和3-甲基丙烯酰氧基丙基三甲氧基硅烷中疏水基团结构不同,对纳米结晶纤维素进行接枝改性后造成的表面接枝率也不一样(见图5-5)。当表面改性剂的用量为4%时,

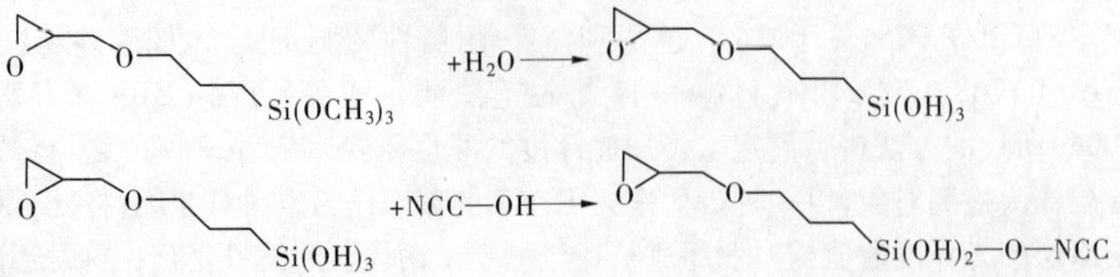

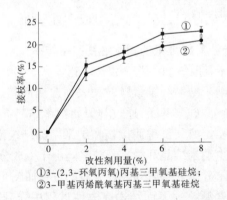

图 5-3　3－(2,3－环氧丙氧)丙基三甲氧基硅烷对纳米结晶纤维素颗粒的表面改性过程

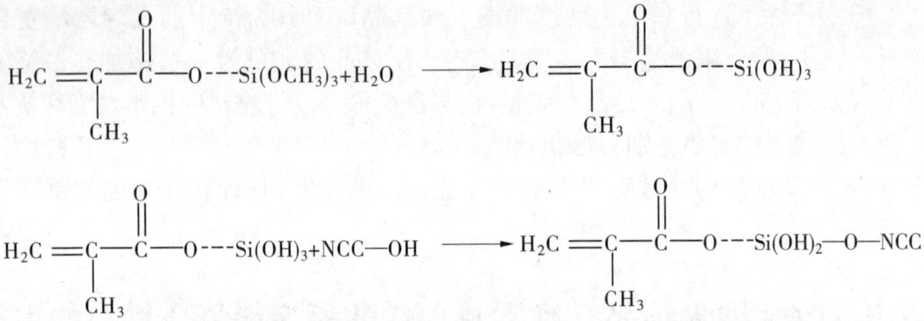

图 5-4　3－甲基丙烯酰氧基丙基三甲氧基硅烷对纳米结晶纤维素颗粒的表面改性过程

①3－(2,3－环氧丙氧)丙基三甲氧基硅烷；
②3－甲基丙烯酰氧基丙基三甲氧基硅烷

图 5-5　改性纳米结晶纤维素颗粒的接枝率

3－(2,3－环氧丙氧)丙基三甲氧基硅烷引入的环氧基团对于纳米结晶纤维素颗粒的表面接枝率为 18.3%,而由 3－甲基丙烯酰氧基丙基三甲氧基硅烷改性所导致的纳米结晶纤维素颗粒的表面烷基接枝率为 16.9%。随着表面改性剂的用量继续增加,纳米结晶纤维素颗粒表面疏水性基团的接枝率变化减慢,用量为 6% 的 3－(2,3－环氧丙氧)丙基三甲氧基硅烷和 3－甲基丙烯酰氧基丙基三甲氧基硅烷导致的接枝率分别为22.3%和19.5%。表面改性剂中疏水性基团的空间位阻是影响改性纳米结晶纤维素颗粒表面接枝率的主要因素,改性剂的用量过大会抑制接枝反应的进行,从而导致接枝率趋于稳定,质量分数为8%的3-(2,3-环氧丙氧)丙基三甲氧基硅烷改性导致的纳米结晶纤维素接枝率为22.9%,而来自8%用量3-甲基丙烯酰氧基丙基三甲氧基硅烷改性纳米结晶纤维素颗粒的接枝率为20.8%。

5.3.1.2　改性纳米结晶纤维素与丙烯酸酯涂料间的接触角

接触角是用于表征固体表面结构的一种简单手段,纳米结晶纤维素的表面结构被3-(2,3-环氧丙氧)丙基三甲氧基硅烷和3-甲基丙烯酰氧基丙基三甲氧基硅烷的改性所影响,在改性过程中引入到纳米结晶纤维素颗粒表面的环氧基和烷基导致纳米结晶纤维素颗粒与丙烯酸酯涂料基材之间接触角的下降(杜庆栋 等,2013),结果如图5-6所示。

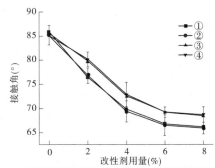

①3-(2,3-环氧丙氧)丙基三甲氧基硅烷改性纳米结晶纤维素左侧接触角;
②3-(2,3-环氧丙氧)丙基三甲氧基硅烷改性纳米结晶纤维素右侧接触角;
③3-甲基丙烯酰氧基丙基三甲氧基硅烷改性纳米结晶纤维素左侧接触角;
④3-甲基丙烯酰氧基丙基三甲氧基硅烷改性纳米结晶纤维素右侧接触角

图5-6　改性纳米结晶纤维素与丙烯酸酯涂料间的接触角

利用3-(2,3-环氧丙氧)丙基三甲氧基硅烷和3-甲基丙烯酰氧基丙基三甲氧基硅烷对纳米结晶纤维素进行表面接枝改性,可以在纳米结晶纤维素颗粒的表面分别引入环氧基和烷基,明显改善其与丙烯酸酯涂料基材间的浸润性(见图5-6)。原始纳米结晶纤维素与丙烯酸酯涂料基材间的接触角较高,左侧接触角和右侧接触角分别为85.8°和85.2°。3-(2,3-环氧丙氧)丙基三甲氧基硅烷对纳米结晶纤维素接触角的改善作用明显,如图5-6①和②所示,当3-(2,3-环氧丙氧)丙基三甲氧基硅烷的浓度为4%时,改性纳米结晶纤维素的左侧接触角和右侧接触角分别降至69.8°和69.4°。随着3-

(2,3 - 环氧丙氧)丙基三甲氧基硅烷的用量不断增加,改性纳米结晶纤维素的接触角下降速度减慢,当 3 - (2,3 - 环氧丙氧)丙基三甲氧基硅烷的用量为 8% 时,接触角的下降幅度达到 22.8% 。以 3 - 甲基丙烯酰氧基丙基三甲氧基硅烷作为改性剂时,纳米结晶纤维素的接触角下降幅度较小,4% 的 3 - 甲基丙烯酰氧基丙基三甲氧基硅烷使得纳米结晶纤维素的接触角从 85.8° 和 85.2° 分别降至 72.6° 和 72.9°(见图 5-6③和④),下降幅度仅为 14.9% ;当使用 8% 用量的 3 - 甲基丙烯酰氧基丙基三甲氧基硅烷作为改性剂时,可使纳米结晶纤维素对丙烯酸酯涂料的左侧接触角和右侧接触角分别下降至 68.6° 和 68.8°。上述结果表明,与对照组相比,来自 3 - (2,3 - 环氧丙氧)丙基三甲氧基硅烷的环氧基团导致的纳米结晶纤维素颗粒浸润性改善效果优于来自 3 - 甲基丙烯酰氧基丙基三甲氧基硅烷的烷基,即 3 - (2,3 - 环氧丙氧)丙基三甲氧基硅烷结构中的疏水性基团对纳米结晶纤维素的改性影响较显著(郭婷等,2014;Roman et al,2006)。

5.3.2 纳米结晶纤维素/丙烯酸酯涂料复合材料性能的测定

5.3.2.1 纳米结晶纤维素/丙烯酸酯涂料复合材料扫描电镜(SEM)分析

纳米结晶纤维素颗粒在丙烯酸酯涂料基材中的分散状态主要受其表面化学结构的影响,在表面改性的过程中,纳米结晶纤维素的表面羟基被水解的 3 - (2,3 - 环氧丙氧)丙基三甲氧基硅烷和 3 - 甲基丙烯酰氧基丙基三甲氧基硅烷接枝取代,从而向纳米结晶纤维素表面引入了环氧基和烷基。通过引入疏水性基团,改性过程在提高纳米结晶纤维素颗粒疏水性能的同时降低了该纳米结晶纤维素颗粒的表面能,不但增强了其与丙烯酸酯涂料基材间的相容性,也导致改性纳米结晶纤维素颗粒在丙烯酸酯涂料基材中的分散状态被明显改善。将经过 8% 的 3 - (2,3 - 环氧丙氧)丙基三甲氧基硅烷和 3 - 甲基丙烯酰氧基丙基三甲氧基硅烷改性处理的纳米结晶纤维素颗粒与丙烯酸酯涂料制成的复合材料作为观察对象,质量分数分别为 0.5% 、1.0% 、1.5% 和 2.0% 的改性纳米结晶纤维素颗粒在丙烯酸酯涂料基材中的分散状态如图 5-7 所示。

经过表面改性处理的纳米结晶纤维素颗粒在丙烯酸酯涂料基材中的分散状态与其质量分数有关。图 5-7(a) ~ (d)显示了 3 - (2,3 - 环氧丙氧)丙基三甲氧基硅烷改性纳米结晶纤维素质量分数的增加对其在丙烯酸酯涂料中分散状态的影响,当质量分数为 0.5% 和 1.0% 时,改性纳米结晶纤维素颗粒在丙烯酸酯涂料中可明显观察到均匀的分散状态,随着纳米结晶纤维素颗粒浓

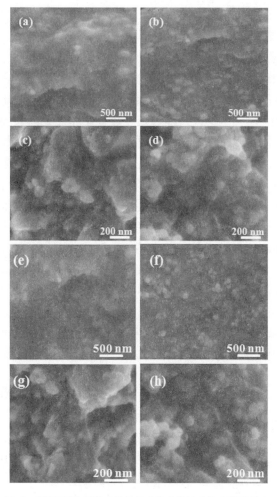

(a)3-(2,3-环氧丙氧)丙基三甲氧基硅烷改性纳米结晶纤维素（0.5%）；

(b)3-(2,3-环氧丙氧)丙基三甲氧基硅烷改性纳米结晶纤维素(1.0%)；

(c)3-(2,3-环氧丙氧)丙基三甲氧基硅烷改性纳米结晶纤维素(1.5%)；

(d)3-(2,3-环氧丙氧)丙基三甲氧基硅烷改性纳米结晶纤维素(2.0%)；

(e)3-甲基丙烯酰氧基丙基三甲氧基硅烷改性纳米结晶纤维素（0.5%）；

(f)3-甲基丙烯酰氧基丙基三甲氧基硅烷改性纳米结晶纤维素（1.0%）；

(g)3-甲基丙烯酰氧基丙基三甲氧基硅烷改性纳米结晶纤维素(1.5%)；

(h)3-甲基丙烯酰氧基丙基三甲氧基硅烷改性纳米结晶纤维素（2.0%）

图5-7　含有不同质量分数改性纳米结晶纤维素颗粒的
丙烯酸酯涂料复合材料的扫描电镜分析

度的增大,开始出现轻微的团聚现象,当质量分数为2.0%时,团聚现象相对明显;由于3-甲基丙烯酰氧基丙基三甲氧基硅烷引入纳米结晶纤维素颗粒表面的烷基接枝率较低,经过3 甲基丙烯酰氧基丙基三甲氧基硅烷改性的纳米结晶纤维素对丙烯酸酯涂料基材的接触角下降不明显,导致该纳米颗粒在复合材料中表现出的分散状态相对较差(见图5-7(e)~(h))。当3-甲基丙烯酰氧基丙基三甲氧基硅烷改性纳米结晶纤维素的质量分数为0.5%时,可在丙烯酸酯涂料基材中均匀分散,随着改性纳米结晶纤维素颗粒的浓度继续增大,纳米颗粒在丙烯酸酯涂料中的分散状态就开始受到影响,当改性纳米结晶纤维素颗粒的用量大于1.5%时,复合材料中就可以观察到明显的团聚现象。

5.3.2.2 纳米结晶纤维素/丙烯酸酯涂料复合材料的镜面光泽度

纳米结晶纤维素/丙烯酸酯复合材料涂层的镜面光泽度受到涂层内交联网络结构以及物料粒径的影响(汪长春 等,2005;唐植贤 等,2013)。均匀分散的纳米结晶纤维素颗粒和丙烯酸酯涂料基材之间可以形成稳定的共价键以及氢键连接,改善丙烯酸酯涂料基材的交联结构,在一定程度上提高丙烯酸酯复合材料的镜面光泽度。3-(2,3-环氧丙氧)丙基三甲氧基硅烷和3-甲基丙烯酰氧基丙基三甲氧基硅烷引入纳米结晶纤维素颗粒表面的疏水性基团与该纳米颗粒在丙烯酸酯涂料基材中的分散状态有关,进而会影响到共价键和氢键的生成效率。

经过3-(2,3-环氧丙氧)丙基三甲氧基硅烷和3-甲基丙烯酰氧基丙基三甲氧基硅烷改性的纳米结晶纤维素颗粒对复合材料镜面光泽度的改善效果如图5-8所示。未添加改性纳米结晶纤维素颗粒时,原始丙烯酸酯涂料的镜面光泽度为43.5%,当3-(2,3-环氧丙氧)丙基三甲氧基硅烷改性纳米

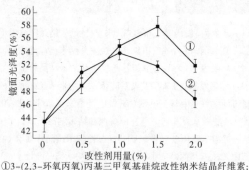

①3-(2,3-环氧丙氧)丙基三甲氧基硅烷改性纳米结晶纤维素;
②3-甲基丙烯酰氧基丙基三甲氧基硅烷改性纳米结晶纤维素

图5-8 纳米结晶纤维素/丙烯酸酯涂料复合材料的镜面光泽度

结晶纤维素和3-甲基丙烯酰氧基丙基三甲氧基硅烷改性纳米结晶纤维素的质量分数为0.5%时,均匀分散的纳米结晶纤维素颗粒可导致复合材料镜面光泽度分别提高12.6%和17.2%。随着改性纳米结晶纤维素在复合材料中的用量不断增大,其对复合材料镜面光泽度的改善作用愈发明显。如图5-8①所示,质量分数为1.0%的3-(2,3-环氧丙氧)丙基三甲氧基硅烷改性纳米结晶纤维素可以使丙烯酸酯涂料基材的镜面光泽度从43.5%增加至55.0%,明显高于3-甲基丙烯酰氧基丙基三甲氧基硅烷改性纳米结晶纤维素导致的24.1%的改善效果(见图5-8②)。3-(2,3-环氧丙氧)丙基三甲氧基硅烷改性纳米结晶纤维素在用量为1.5%时可使复合材料涂层镜面光泽度提高33.3%,而1.5%的3-甲基丙烯酰氧基丙基三甲氧基硅烷改性纳米结晶纤维素颗粒在丙烯酸酯涂料基材中开始出现轻微的团聚,导致其对镜面光泽度的改善幅度仅为19.5%。当改性纳米结晶纤维素颗粒的浓度大于1.5%时,纳米颗粒团聚后生成的尺寸较大的粒子会明显影响丙烯酸酯涂料复合材料的镜面光泽度(蔡阿满,2010),含有2.0%的3-(2,3-环氧丙氧)丙基三甲氧基硅烷和3-甲基丙烯酰氧基丙基三甲氧基硅烷改性纳米结晶纤维素颗粒的丙烯酸酯复合材料的镜面光泽度分别降低至52.2%和47.1%。

5.3.2.3 纳米结晶纤维素/丙烯酸酯涂料复合材料的耐磨性能

随着纳米结晶纤维素的添加,丙烯酸酯涂料基材的交联结构得到明显的增强,从而显著改善了丙烯酸酯涂料的耐磨性能(仇诗其 等,2008;Xu et al,2005)。3-(2,3-环氧丙氧)丙基三甲氧基硅烷改性纳米结晶纤维素和3-甲基丙烯酰氧基丙基三甲氧基硅烷改性纳米结晶纤维素对丙烯酸酯涂料基材交联结构有不同的影响,复合材料耐磨性能的改善以磨损量的降低表征,如图5-9所示。

随着表面改性纳米结晶纤维素用量的不断增加,丙烯酸酯涂料复合材料的磨损量逐渐降低。未添加改性纳米结晶纤维素颗粒时,丙烯酸酯涂料基材的耐磨性能较差,磨损量可达0.106 g。如图5-9①所示,3-(2,3-环氧丙氧)丙基三甲氧基硅烷改性纳米结晶纤维素颗粒的添加显著降低了丙烯酸酯复合材料的磨损量,当3-(2,3-环氧丙氧)丙基三甲氧基硅烷改性纳米结晶纤维素颗粒的用量为1.5%时,该复合材料的磨损量降低到了0.043 g(下降幅度为59.4%)。由于3-甲基丙烯酰氧基丙基三甲氧基硅烷改性纳米结晶纤维素颗粒在丙烯酸酯涂料基材中的分散性较差,导致新增交联网络对复合材料耐磨性能的改善作用相对较弱(见图5-9②),丙烯酸酯涂料基材与含量为1.5%的3-甲基丙烯酰氧基丙基三甲氧基硅烷改性纳米结晶纤维素颗粒

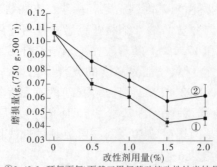

①3-(2,3-环氧丙氧)丙基三甲氧基硅烷改性纳米结晶纤维素;
②3-甲基丙烯酰氧基丙基三甲氧基硅烷改性纳米结晶纤维素

图5-9　纳米结晶纤维素/丙烯酸酯涂料复合材料的耐磨性

制备复合材料后,其耐磨性能提高45.3%(磨损量从对照组的0.106 g降低到0.058 g)。当改性纳米结晶纤维素颗粒在丙烯酸酯涂料基材中的用量过高时,会导致纳米粒子间形成氢键而发生团聚,所以相比含有1.5%的改性纳米结晶纤维素的丙烯酸酯涂料复合材料,当3-(2,3-环氧丙氧)丙基三甲氧基硅烷和3-甲基丙烯酰氧基丙基三甲氧基硅烷改性纳米结晶纤维素颗粒的用量为2.0%时,对复合材料耐磨性的改善作用出现下降。

5.3.2.4　纳米结晶纤维素/丙烯酸酯涂料复合材料的铅笔硬度

纳米结晶纤维素具有突出的力学性能和反应性能,与丙烯酸酯涂料复合后,可以通过增强涂层内部的交联结构而弥补基材涂层硬度低的不足(Xu et al,2005)。3-(2,3-环氧丙氧)丙基三甲氧基硅烷和3-甲基丙烯酰氧基丙基三甲氧基硅烷对纳米结晶纤维素颗粒进行表面改性可影响该纳米颗粒在丙烯酸酯涂料基材中的分散状况,但是对复合材料铅笔硬度的改善幅度作用不显著。纳米结晶纤维素/丙烯酸酯涂料复合材料的铅笔硬度如表5-3所示。

以绝干的丙烯酸酯涂料涂层为研究对象,未添加表面改性纳米结晶纤维素颗粒的丙烯酸酯涂料涂层的铅笔硬度为2H;纳米结晶纤维素颗粒的加入导致复合材料的铅笔硬度不断提高,当3-(2,3-环氧丙氧)丙基三甲氧基硅烷和3-甲基丙烯酰氧基丙基三甲氧基硅烷改性纳米结晶纤维素的用量为1.5%时,丙烯酸酯复合材料涂层的铅笔硬度从2H增加到4H;当复合材料中纳米结晶纤维素的质量分数为2.0%时,纳米颗粒的团聚会对涂层内部交联结构的改善效果起到抑制作用,使含有2.0%的3-(2,3-环氧丙氧)丙基三甲氧基硅烷和3-甲基丙烯酰氧基丙基三甲氧基硅烷改性纳米结晶纤维素的丙烯酸酯涂料复合材料涂层的铅笔硬度降为3H。

表 5-3　纳米结晶纤维素/丙烯酸酯涂料复合材料的铅笔硬度

样品	对照组	改性纳米结晶纤维素用量(%)			
		0.5	1.0	1.5	2.0
3 - (2,3 - 环氧丙氧)丙基三甲氧基硅烷改性纳米结晶纤维素	2H	3H	3H	4H	3H
3 - 甲基丙烯酰氧基丙基三甲氧基硅烷改性纳米结晶纤维素	2H	3H	3H	4H	3H

5.3.2.5　纳米结晶纤维素/丙烯酸酯涂料复合材料的抗水和抗乙醇性能

本研究选用的丙烯酸酯涂料的单体为丙烯酸羟乙酯,其结构中含有大量亲水性羟基,利用改性纳米结晶纤维素颗粒的表面羟基与丙烯酸羟乙酯结构中的羟基反应形成稳定的共价键,可将丙烯酸酯涂料基材中的羟基取代而暴露出改性纳米结晶纤维素颗粒结构中的疏水性基团,从而提高丙烯酸酯涂料的抗水性能并降低其抗乙醇性能(董洪波 等,2003;樊慧明 等,2012)。丙烯酸酯涂料与纳米结晶纤维素颗粒的取代反应原理如图5-10 所示。

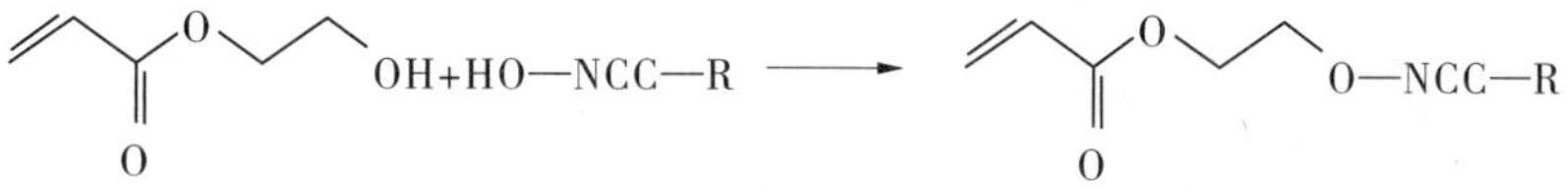

R=环氧基或者烷基

图 5-10　丙烯酸酯涂料中羟基的取代

利用3 - (2,3 - 环氧丙氧)丙基三甲氧基硅烷和3 - 甲基丙烯酰氧基丙基三甲氧基硅烷作为改性剂,可在纳米结晶纤维素颗粒的表面分别引入环氧基和烷基,由此制备的两种改性纳米结晶纤维素对丙烯酸酯涂料的抗水性和抗乙醇性有不同的影响效果(见图5-11)。原始丙烯酸酯涂料的抗水性能较差,其吸水率可以达到32.8%,随着改性纳米结晶纤维素颗粒的加入,丙烯酸酯涂料基材中的交联结构被增强且亲水性羟基被取代,复合材料的吸水率明显下降。当复合材料中含有质量分数为 0.5% 的3 - (2,3 - 环氧丙氧)丙基三甲氧基硅烷改性纳米结晶纤维素颗粒时,吸水率降为 29.5%,而同样含量的3-甲基丙烯酰氧基丙基三甲氧基硅烷改性纳米结晶纤维素颗粒导致复合材料的吸水率下降幅度为14.6%(从32.8%下降到28.0%)。含有1.5%的3-(2,3-环氧丙氧)丙基三甲氧基硅烷改性纳米结晶纤维素的丙烯酸酯涂料复合材料的抗水性能提高28.4%,高于3-甲基丙烯酰氧基丙基三甲氧基硅烷改性纳米结晶纤维素颗粒导致的24.4%的改善效果。当质量分数达到2.0%时,3-(2,3-环氧丙氧)丙基三甲氧基硅烷改性纳米结晶纤维素引起的复合材料吸水率降低依然较明显,但是含有3-甲基丙烯酰氧基丙基三甲氧基硅烷改性纳米结晶纤维素颗粒的复合材料抗水性能已经趋于稳定。改性纳米结晶纤维素颗粒的添加导致基材乙醇吸收率的提高。质量分数为0.5%的3-(2,3-环氧丙氧)丙基三甲氧基硅烷改性纳米结晶纤维素颗粒可使丙烯酸酯基材的乙醇吸收率从对照组的8.7%提高到11.5%,而同样用量的3-甲基丙烯酰氧基丙基三甲氧基硅烷改性纳米结晶纤维素颗粒仅能使复合材料的乙醇吸收率提高至10.3%;随着改性纳米结晶纤维素颗粒浓度的增加,复合材料乙醇吸收率的增长逐渐减慢,当复合材料中分别含有1.5%的3-(2,3-环氧丙氧)丙基三甲氧基硅烷和3-甲基丙烯酰氧基丙基三甲氧基硅烷改性纳米结晶纤维素时,乙醇吸收率分别可达到16.58%和14.33%;改性纳米结晶纤维素用量的继续增大对复合材料乙醇吸收率的提高作用不明显。

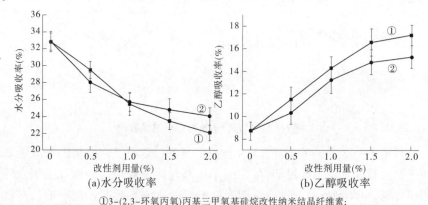

(a)水分吸收率　　　　　(b)乙醇吸收率

①3-(2,3-环氧丙氧)丙基三甲氧基硅烷改性纳米结晶纤维素;
②3-甲基丙烯酰氧基丙基三甲氧基硅烷改性纳米结晶纤维素

图5-11　纳米结晶纤维素/丙烯酸酯涂料复合材料

5.3.3　纳米结晶纤维素改善丙烯酸酯涂料交联结构的机制

丙烯酸羟乙酯作为本研究所选用的丙烯酸酯涂料的树脂单体,其结构如图 5-12 所示。

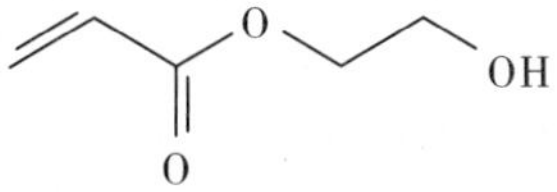

图 5-12　丙烯酸羟乙酯单体结构

作为一种直线型的丙烯酸酯树脂,丙烯酸羟乙酯分子结构中可用于产生交联结构的位点少,在涂料的施涂过程中难以形成稳定的三维网络结构,也就导致了丙烯酸羟乙酯的涂层具有结构相对疏松、硬度较低、易出现划痕等特点。利用可在丙烯酸羟乙酯中均匀分散的改性纳米结晶纤维素颗粒对丙烯酸酯树脂基材进行改性。由于纳米结晶纤维素表面含有丰富的活性醇羟基,可以通过与树脂基材分子链形成共价键和氢键而生成稳定的网络结构,明显提高丙烯酸酯基材的交联度并改善丙烯酸酯涂料的机械和力学等性能(汪新民等,2002)。均匀分散的纳米结晶纤维素颗粒与丙烯酸羟乙酯基材反应生成网络结构的原理如图 5-13 所示。

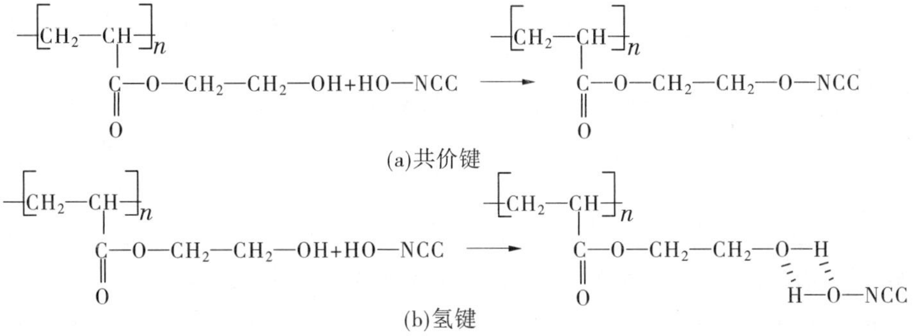

图 5-13　纳米结晶纤维素与丙烯酸羟乙酯树脂网络结构的生成机制

5.4 本章小结

本章的研究内容主要涉及利用经过 3 - (2,3 - 环氧丙氧)丙基三甲氧基硅烷和 3 - 甲基丙烯酰氧基丙基三甲氧基硅烷改性处理后可均匀分散的纳米结晶纤维素颗粒制成丙烯酸酯涂料复合材料,以改善丙烯酸酯基材的镜面光泽度、耐磨性能、铅笔硬度、抗水性能和抗乙醇性能。通过研究得到如下结论:

(1)本研究用 3 - (2,3 - 环氧丙氧)丙基三甲氧基硅烷和 3 - 甲基丙烯酰氧基丙基三甲氧基硅烷对纳米结晶纤维素进行表面接枝改性以提高其对丙烯酸酯涂料的浸润性。由于两种改性剂化学结构的不同,可在纳米结晶纤维素颗粒表面产生不同的疏水性基团接枝率,3 - (2,3 - 环氧丙氧)丙基三甲氧基硅烷中环氧基团较高的接枝率使改性后纳米结晶纤维素颗粒与丙烯酸酯基材之间的接触角下降明显(下降幅度为 22.8%),而 3 - 甲基丙烯酰氧基丙基三甲氧基硅烷改性处理导致纳米结晶纤维素的接触角仅降低 19.6%。经过表面改性处理后,纳米结晶纤维素颗粒对丙烯酸酯基材的浸润性显著提高,导致该纳米颗粒在丙烯酸酯涂料中分散状态均匀。

(2)纳米结晶纤维素的表面活性羟基和丙烯酸酯单体中的羟基可以通过形成共价键和氢键的形式连接,并在涂层中形成稳定的交联网络结构,显著改善丙烯酸酯涂料基材的理化性能:用量为 1.5% 的 3 - (2,3 - 环氧丙氧)丙基三甲氧基硅烷改性纳米结晶纤维素可使涂料基材的镜面光泽度提高 33.3%,而分散性较差的 3 - 甲基丙烯酰氧基丙基三甲氧基硅烷改性纳米结晶纤维素导致光泽度提高了 24.1%;分散性较好的 3 - (2,3 - 环氧丙氧)丙基三甲氧基硅烷改性纳米结晶纤维素使丙烯酸酯涂料的耐磨性能提高达 59.4%,明显优于 3 - 甲基丙烯酰氧基丙基三甲氧基硅烷改性纳米结晶纤维素;表面改性纳米结晶纤维素的添加显著增强了丙烯酸酯基材的铅笔硬度,不同的改性处理所导致的纳米结晶纤维素颗粒的不同分散效果对复合材料铅笔硬度的影响较小;利用改性纳米结晶纤维素结构中的疏水性基团取代丙烯酸羟乙酯结构中的羟基可显著降低涂料基材的亲水性,3 - (2,3 - 环氧丙氧)丙基三甲氧基硅烷改性纳米结晶纤维素的添加导致复合材料的吸水率下降 32.6%,3 - 甲基丙烯酰氧基丙基三甲氧基硅烷改性纳米结晶纤维素导致的吸水率下降幅度为 26.8%,而改性纳米结晶纤维素颗粒对复合材料乙醇吸收率的影响较小。

第6章 纳米结晶纤维素改性聚氨酯水性木器漆的性能和机制研究

6.1 聚氨酯水性木器漆的研究现状

20世纪初,随着科学技术手段的不断进步,涂料工业得到了迅猛的发展,涂料的制备原料也从最初的纯天然材料进入合成涂料阶段。在合成涂料的使用过程中,需要大量的有机溶剂来调节黏度并改良其使用方式和机械性能等。据资料统计,每年合成涂料的使用过程中都会挥发超过2 000万t的有毒溶剂,这些有毒物质不但会对环境造成长期的破坏,也会对人和动植物的生长发育产生不良影响。

到了20世纪后半叶,人类逐渐认识到由于自身的某些行为会对人类赖以生存的地球环境产生不可逆转的严重影响并威胁到人类自身的安全,减少应用于涂料工业的毒性有机溶剂成为该行业必须面对的一次转折和机遇。环境友好的高固含量涂料、水性涂料、辐射固化涂料等新兴的涂料种类,为涂料工业在新时期的发展提供了一个适应可持续发展道路的研究方向,其中水性涂料以其更加方便的使用方法和较低的生产成本逐渐成为最受关注的环保型涂料之一。

木器漆是涂料工业中的主要组成部分之一,也是工业用涂料中最主要的和用量较大的品种,在户外建筑、室内家具等领域应用广泛。世界各国对木器涂料的需求逐年递增,其中以美国为例,每年对木材用涂料的需求量平均增长2.7%;欧盟的工业涂料市场在进入21世纪以后保持着每年平均2%~3%的增长率,其中水性木器涂料的使用率高达80%以上。不同地区对木器涂料的使用有着不同的偏好,如意大利多用聚氨酯漆,而瑞典、丹麦等国家多用水性涂料,美国人则多用硝基漆,我国木器涂料市场由聚氨酯漆占据。我国的木器漆的水化率在全世界占到中等水平,近年来水性漆的用量大幅提高,但是与欧美发达国家相比仍有明显差距。目前,水性木器漆作为室内装饰用材料已经被人们广泛接受,可以在无有毒溶剂、无甲醛、无气味等条件下作业,是一种环境友好的涂料类型。

聚氨酯水性木器漆是一种常见的水性木器漆,其主要特点是污染小,使用方便,可溶于水,漆膜光亮丰满,但是其相对较差的耐候性能和机械性能限制了聚氨酯水性木器漆在户外等环境下的应用价值,向其中加入填料后制成复合材料可显著改善水性木器漆基材的理化性能(Irusta et al,1999;Craciun et al,2011;Scortanu et al,2004)。

利用有机填料与聚氨酯基材混合后制备复合材料对涂料的耐候性、耐热性等都有明显的改善作用。Chu 和 Fischer(1978)利用有机填料降低聚氨酯水性木器漆对紫外线的敏感性,导致由于紫外辐射造成的黄变程度得到明显改善。聚硅氧烷、改性硅树脂等与聚氨酯水性木器漆复合后可以显著提高聚氨酯基材的拉伸强度(Zhu et al,2011;Pathak et al,2009)。微晶纤维素和聚氨酯丙烯酸盐等的加入,对聚氨酯水性木器漆的耐热性有明显改善作用(Zhang et al,2012;Fang et al,2010;Qiu et al,2010)。

利用无机填料制备聚氨酯水性木器漆复合材料,可以提高基材的力学性能,例如使用硅烷偶联剂或者异氰酸盐处理后的二氧化硅颗粒可以用来增强水性聚氨酯基材的拉伸模量(Liao et al,2012;Sun et al,2011;Dolatzadeh et al,2011;Lee et al,2011;Mills et al,2012)。另外,二氧化硅的衍生材料也受到广泛关注,纳米二氧化硅和壳聚糖的复合物也被用来强化聚氨酯水性木器漆(Nikje et al,2010)。Saadat-Monfared et al(2012)和 Saha et al(2013)通过向聚氨酯中添加二氧化铈来提高基材的结构稳定性。Salla et al 利用氧化锌和二氧化钛的混合物或者氧化锌和二氧化铈的混合物来提高聚氨酯涂层的多种抗性(Salla et al,2012;Sha et al,2011;Ugur et al,2011)。Rashvand et al(2011)用氧化锌与聚氨酯制备复合材料,可以显著减少聚氨酯基材结构中的裂缝的形成。作为常见的无机材料,碳酸钙、炭黑和黏土的机械性能也可以对聚氨酯基材起到增强作用(Gao et al,2011;Choi et al,2010;Liu et al,2008)。利用紫外吸收剂与聚氨酯基材制成复合材料后可以避免水性聚氨酯涂层的化学结构受到紫外能量等的破坏(Jana et al,2010;Cao et al,2007;Rahman et al,2009)。

纳米结晶纤维素作为一种天然的高分子功能材料,经过表面处理后可以与水性聚氨酯形成复合材料,不但可以改善基材的力学性能(Zaman et al,2012;Eyley et al,2011),也会由于富含活性羟基等而对基材的耐候性能产生改善作用。本章深入研究了纳米结晶纤维素对聚氨酯水性木器漆性能的改善效果及相关作用机制。

6.2 聚氨酯水性木器漆复合材料的制备和表征

6.2.1 材料和试剂

本章试验所需的聚氨酯水性木器漆购自乐意涂料(上海)有限公司,为线性芳香族树脂,由多元醇和芳香族异氰酸酯 MDI 合成,数均分子量 110 000,固含量 56.9%;落叶松木片购自内蒙古。本章所使用的化学试剂如表 6-1 所示。

表 6-1 化学试剂

试剂名称	分子式	生产厂家
3－氨丙基三乙氧基硅烷（APTES）	$NH_2(CH_2)_3SiOC_2H_5$	北京申达精细化工有限公司
3－(2,3－环氧丙氧)丙基三甲氧基硅烷(GPTMS)	$C_6H_{11}O_2Si(OCH_3)_3$	北京申达精细化工有限公司
无水乙醇(Ethanol)	C_2H_5OH	北京化工厂
硫酸(Sulfuric acid)	H_2SO_4	北京化工厂
盐酸(Hydrochloric acid)	HCl	北京化工厂

试验中所用原料都没有经过任何提纯处理,改性用硅烷为化学纯,其余所有试剂均为分析纯,所用水均为去离子水。

6.2.2 仪器和设备

本章所用仪器和设备规格及来源如表 6-2 所示。

表 6-2 仪器和设备规格及来源

仪器名称	型号	生产厂家
电子天平	FA1004N	上海精密科学仪器有限公司
电热磁力搅拌器	RCT 基本型	广州仪科实验室技术有限公司（IKA 中国分公司）
全自动新型鼓风干燥箱	ZRD－7230	上海智城分析仪器制造有限公司
离心机	LD4－2A	北京京立离心机有限公司

仪器名称	型号	生产厂家
X – 射线衍射仪（XRD）	XRD – 6000	日本岛津公司（Shimadizu）
冷冻干燥机	FD – 1D – 50	北京博医康实验仪器有限公司
超声波细胞破碎仪	JY98 – IIIN	宁波新芝实验仪器有限公司
热重 – 差热分析仪（TG）	DTG – 60	日本岛津公司（Shimadizu）
高压均质机	NS1001L Panda	意大利 GEA Niro Soavi 公司
扫描电子显微镜（SEM）	S – 3000N	日本日立公司（Hitachi）
傅立叶变换中红外（FT – IR）	Tensor7	德国布鲁克公司（Bruker）
X – 射线光电子能谱仪（XPS）	Axis Ultra	英国 Kratos Analytical 公司
视频光学接触角测量仪	OCAH200	德国 Dataphysics 公司

6.2.3 纳米结晶纤维素及聚氨酯水性木器漆复合材料的制备

6.2.3.1 纳米结晶纤维素颗粒的制备

落叶松纤维素的分离工艺同 4.2.3。利用浓度为 35% 的硫酸水溶液水解落叶松纤维素，固液比为 1∶6，整个水解过程持续对样品进行 30 r/min 的搅拌，水解温度为 60 ℃，时间为 3 h，水解结束后对纤维素进行过滤、洗涤和干燥处理，然后配制成 1% 的水溶液在 1 200 W 功率下进行 20 min 的间歇性超声处理。经过酸水解和超声破碎的联合操作可以获得长度为 100 ~ 300 nm、直径为 20 ~ 50 nm 的纳米结晶纤维素颗粒，通过 – 50 ℃冷冻干燥处理 24 h 制备成干燥粉体。

6.2.3.2 纳米结晶纤维素的表面改性

利用 3 – 氨丙基三乙氧基硅烷和 3 – (2,3 – 环氧丙氧)丙基三甲氧基硅烷作为纳米结晶纤维素颗粒的表面改性剂(见图 6-1)以改善其分散性，表面改性工艺同 4.2.3。

6.2.3.3 纳米结晶纤维素/聚氨酯水性木器漆复合材料的制备

利用共混法(张长生 等，2005)制备改性纳米结晶纤维素/聚氨酯水性木器漆复合材料：将经过表面改性的纳米结晶纤维素颗粒在 60 ℃下干燥 48 h，然后按照质量分数为 0.5%、1.0%、1.5% 和 2.0% 分别加入聚氨酯水性木器漆基材中。利用高压均质法处理复合材料使纳米颗粒均匀分散，均质的试验

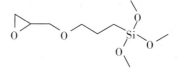

(a)3-氨丙基三乙氧基硅烷   (b)3-(2,3-环氧丙氧)丙基三甲氧基硅烷

图6-1　硅烷改性剂分子式

条件为:压力 100 MPa,每均质处理 100 g 纳米结晶纤维素/聚氨酯水性木器漆复合材料需重复 2 次。

6.2.4　改性纳米结晶纤维素结构性能的表征方法

6.2.4.1　接枝率(Grafting ratio)

利用称重法测定 3 - 氨丙基三乙氧基硅烷和 3 - (2,3 - 环氧丙氧)丙基三甲氧基硅烷改性纳米结晶纤维素颗粒的接枝率,按照式(6-1)进行计算:

$$GR = \left(\frac{w - w_0}{w_0} \right) \times 100\% \qquad (6\text{-}1)$$

式中:GR 为接枝率;w 为经过丙酮抽提的表面改性纳米结晶纤维素的质量;w_0 为未经表面改性的纳米结晶纤维素的质量。

6.2.4.2　结晶度(Crystallinity)分析

将经过 3 - 氨丙基三乙氧基硅烷和 3 - (2,3 - 环氧丙氧)丙基三甲氧基硅烷改性的纳米结晶纤维素颗粒研磨至 100 目,选用 Cu - Kα(λ = 1.540 5Å)射线,滤波片为石墨,电压为 40 kV,电流为 20 mA,扫描范围为 5°~40°,积分时间为 0.2 s。通过在 X - 射线衍射谱图实际测量衍射强度曲线的下方做切线,分别计算出结晶相和非结晶相的积分衍射强度,结晶相衍射强度占实际测量衍射强度的比例即为结晶度。

6.2.4.3　接触角(CA)测定

利用视频光学接触角测量仪测定经过 3 - 氨丙基三乙氧基硅烷和 3 - (2,3 - 环氧丙氧)丙基三甲氧基硅烷改性的纳米结晶纤维素颗粒与聚氨酯水性木器漆之间的接触角,聚氨酯水性木器漆乳液被用作接触液体,表面改性后的纳米结晶纤维素颗粒在 10.0 MPa 的压力下被制成直径 1.0 cm 的薄片,然后将聚氨酯水性木器漆液滴滴加在纳米结晶纤维素薄片上,记录液滴的形状并测量其接触角。

6.2.5　纳米结晶纤维素/聚氨酯水性木器漆复合材料结构性能的表征方法

　　扫描电子显微镜被用来观测纳米结晶纤维素颗粒在聚氨酯水性木器漆复合材料中的分散状态,复合材料被切片、制成样品并粘在导电胶带上以后进行喷金,观测电压是 15 kV。采用 X - 射线衍射仪测定纳米结晶纤维素/聚氨酯水性木器漆复合材料的结晶结构,扫描速度为 2°/min,步幅为 0.05°,扫描范围是 5°~40°,复合材料的结晶度是通过计算不同角度特征衍射峰的强度比例来获得。纳米结晶纤维素/聚氨酯水性木器漆复合材料的热行为由热重 - 差热分析仪测定,使用氮气保护,氮气流量为 15 ~ 30 mL/min,压力为 0.3 MPa,升温速率为 10 ℃/min,升温范围是从 50 ℃到 500 ℃。利用傅立叶变换红外光谱分析纳米结晶纤维素/聚氨酯水性木器漆复合材料的化学结构,使用 KBr 压片法进行测量,扫描范围为 4 000 ~ 400 cm^{-1},扫描次数 64 次,分辨率为4 cm^{-1}。采用 X - 射线光电子能谱分析复合材料膜的表面物质结构,激发源为单色化的 Al - Ka 源,功率为 200 W,步幅为 1 000.0 meV,分析过程中的真空度为 6.0×10^{-10} mbar。

　　纳米结晶纤维素/聚氨酯水性木器漆复合材料的耐黄变性能、镜面光泽度、铅笔硬度和耐磨性能等分别按照《室内装饰装修用水性木器涂料》(GB/T 23999—2009)、《色漆和清漆 不含金属颜料的色漆漆膜的 20°、60°和 85°镜面光泽的测定》(GB/T 9754—2007)、《色漆和清漆 铅笔法测定漆膜硬度》(GB/T 6739—2006)和《色漆和清漆 耐磨性的测定 旋转橡胶砂轮法》(GB/T 1768—2006)所述的方法进行测定。复合材料的耐黄变性能以经过一定程度的紫外辐射后样品的黄变来表征,紫外辐射的强度恒定(0.68 W/m^2),波长为 340 nm,辐射温度为(60 ±3)℃,由比色计测定经过紫外辐射处理的复合材料样品的黄变程度并以 ΔE 表示。测定纳米结晶纤维素/聚氨酯水性木器漆复合材料的镜面光泽度需要以 75 μm 厚的复合材料涂层为样品,测定过程中以一种折射率为 1.567 的玻璃作为空白对照组,将复合材料涂层的测量结果与对照组进行比较。铅笔硬度的测定要求测试对象为绝干聚氨酯水性木器漆复合材料涂层,所使用铅笔与聚氨酯复合材料涂层之间的夹角为 45°,施加在铅笔上的载荷为 750 g。复合材料的耐磨性能利用一种转速为 60 r/min 的橡胶轮对复合材料涂层进行打磨,通过称量磨损量来表征,该测定需要在相对湿度为(50 ±5)% 且温度为(23 ±2)℃的条件下进行。

6.3 改性纳米结晶纤维素及聚氨酯水性 木器漆复合材料的表征

6.3.1 改性纳米结晶纤维素的结构和性能表征

6.3.1.1 改性纳米结晶纤维素的疏水性基团接枝率

利用3-氨丙基三乙氧基硅烷和3-（2,3-环氧丙氧）丙基三甲氧基硅烷作为纳米结晶纤维素的表面改性剂，可以在其表面分别引入氨基和环氧基，以接枝率作为纳米结晶纤维素颗粒表面接枝反应效率的表征手段，可以表明改性剂结构中的氨基和环氧基对纳米结晶纤维素表面羟基的取代程度。3-氨丙基三乙氧基硅烷和3-（2,3-环氧丙氧）丙基三甲氧基硅烷结构中的烷氧基团在水解过程中可以反应生成硅醇基团，而未经改性的纳米结晶纤维素的表面覆盖有大量醇羟基，水解后的改性剂可以通过羟基之间形成的稳定共价键与纳米结晶纤维素颗粒相连接，从而导致纳米结晶纤维素颗粒表面的羟基被改性剂引入的氨基和环氧基取代。经过表面接枝处理后，表面改性的纳米结晶纤维素颗粒和聚氨酯水性木器漆基材之间形成了交联网络结构，纳米结晶纤维素颗粒的润胀被3-氨丙基三乙氧基硅烷和3-（2,3-环氧丙氧）丙基三甲氧基硅烷引入的烃链限制。3-氨丙基三乙氧基硅烷和3-（2,3-环氧丙氧）丙基三甲氧基硅烷对纳米结晶纤维素颗粒的接枝反应机制如图6-2和图6-3所示。

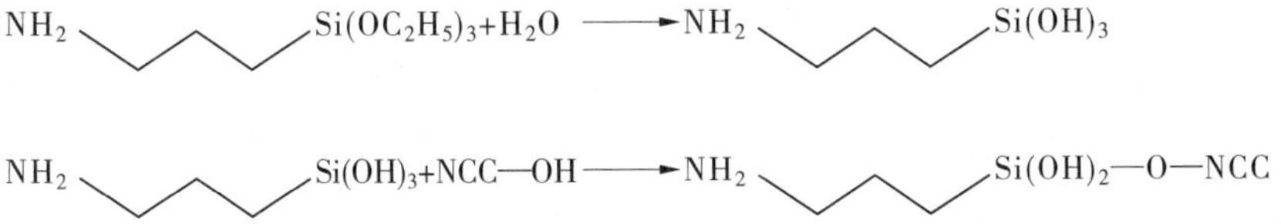

$$NH_2 \diagdown\diagup\diagdown\diagup Si(OC_2H_5)_3 + H_2O \longrightarrow NH_2 \diagdown\diagup\diagdown\diagup Si(OH)_3$$

$$NH_2 \diagdown\diagup\diagdown\diagup Si(OH)_3 + NCC{-}OH \longrightarrow NH_2 \diagdown\diagup\diagdown\diagup Si(OH)_2{-}O{-}NCC$$

图6-2　3-氨丙基三乙氧基硅烷对纳米结晶纤维素颗粒的表面改性过程

表面改性剂的用量较低时，纳米结晶纤维素颗粒表面的疏水性基团接枝率增加迅速，但是由于改性剂引入的氨基和环氧基具有明显的空间位阻等作用，随着改性剂用量的增大，纳米结晶纤维素表面疏水性基团的接枝率趋于稳定。3-氨丙基三乙氧基硅烷和3-（2,3-环氧丙氧）丙基三甲氧基硅烷对纳米结晶纤维素颗粒的表面接枝率如图6-4所示。

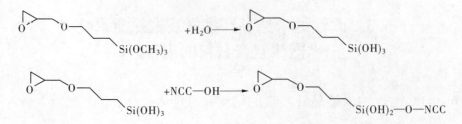

图6-3 3-(2,3-环氧丙氧)丙基三甲氧基硅烷对纳米结晶纤维素颗粒的表面改性过程

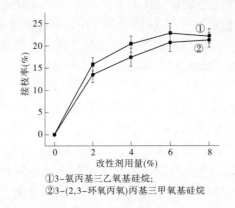

①3-氨丙基三乙氧基硅烷;
②3-(2,3-环氧丙氧)丙基三甲氧基硅烷

图6-4 表面改性纳米结晶纤维素颗粒的接枝率

当3-氨丙基三乙氧基硅烷的用量为4%的时候,改性纳米结晶纤维素的接枝率迅速增加到20.3%,但是利用6%的3-氨丙基三乙氧基硅烷对纳米结晶纤维素颗粒进行表面改性时造成的纳米结晶纤维素表面接枝率仅约为4%用量3-氨丙基三乙氧基硅烷的1.1倍,为22.8%。当3-氨丙基三乙氧基硅烷的用量为8%时,由于纳米结晶纤维素表面羟基的取代反应被来自3-氨丙基三乙氧基硅烷的氨基和烃链造成的空间位阻所抑制,改性后的纳米结晶纤维素颗粒接枝率为22.2%。以3-(2,3-环氧丙氧)丙基三甲氧基硅烷为表面改性剂时,环氧基团在纳米结晶纤维素颗粒表面的接枝效率较低:质量分数为2%的3-(2,3-环氧丙氧)丙基三甲氧基硅烷导致的纳米结晶纤维素颗粒表面接枝为13.6%,接枝效果相对明显;随着改性剂用量的增大,环氧基团的空间位阻开始影响纳米结晶纤维素的接枝反应,当3-(2,3-环氧丙氧)丙基三甲氧基硅烷的用量为4%时,纳米结晶纤维素的接枝率仅为17.4%;当3-(2,3-环氧丙氧)丙基三甲氧基硅烷的用量大于6%时,改性纳米结晶纤维素颗粒的表面接枝率趋于稳定。

6.3.1.2　改性纳米结晶纤维素的结晶度测定

结晶结构是影响纳米结晶纤维素结晶度的主要因素,利用3－氨丙基三乙氧基硅烷和3－(2,3－环氧丙氧)丙基三甲氧基硅烷对纳米结晶纤维素颗粒进行表面接枝改性会对其结晶结构产生一定的破坏(张力平 等,2011;卢麒麟 等,2013)。来自3－氨丙基三乙氧基硅烷的氨基和来自3－(2,3－环氧丙氧)丙基三甲氧基硅烷的环氧基在对纳米结晶纤维素表面羟基进行取代的过程中会导致其致密的结晶结构发生退化,因此使改性纳米结晶纤维素的结晶度产生轻微的下降(见表6-3)。原始纳米结晶纤维素的结晶度为61.75%,使用4%的3－氨丙基三乙氧基硅烷处理后导致改性纳米结晶纤维素的结晶度下降比例为6.69%,当3－氨丙基三乙氧基硅烷的浓度提高至8%时,表面改性纳米结晶纤维素的结晶度降至54.57%;由于来自3－(2,3－环氧丙氧)丙基三甲氧基硅烷的环氧基团的空间位阻较大,在纳米结晶纤维素颗粒表面的接枝率较低导致其对纳米结晶纤维素的结晶结构破坏较小,当3－(2,3－环氧丙氧)丙基三甲氧基硅烷的用量为4%时,改性纳米结晶纤维素的结晶度为59.25%,质量分数为8%的3－(2,3－环氧丙氧)丙基三甲氧基硅烷改性使纳米结晶纤维素的结晶度下降比例达6.28%。

表6-3　表面改性纳米结晶纤维素的结晶度　　　　　(%)

样品	改性剂用量				
	0	2	4	6	8
3－氨丙基三乙氧基硅烷改性纳米结晶纤维素	61.75	59.28	57.62	55.35	54.57
3－(2,3－环氧丙氧)丙基三甲氧基硅烷改性纳米结晶纤维素	61.75	60.67	59.25	58.59	57.87

6.3.1.3　改性纳米结晶纤维素与聚氨酯水性木器漆间的接触角

纳米结晶纤维素的表面结构影响其与聚氨酯水性木器漆基材间的相容性,利用接触角来表征经过3－氨丙基三乙氧基硅烷和3－(2,3－环氧丙氧)丙基三甲氧基硅烷改性的纳米结晶纤维素对聚氨酯基材相容性的变化。经过表面接枝改性处理的纳米结晶纤维素颗粒的接触角如图6-5所示。

未经改性处理的纳米结晶纤维素表面含有大量极性羟基,与聚氨酯水性

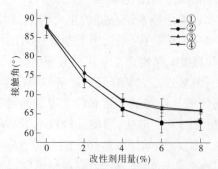

①3-氨丙基三乙氧基硅烷改性纳米结晶纤维素左侧接触角；
②3-氨丙基三乙氧基硅烷改性纳米结晶纤维素右侧接触角；
③3-(2,3-环氧丙氧)丙基三甲氧基硅烷改性纳米结晶纤维素左侧接触角；
④3-(2,3-环氧丙氧)丙基三甲氧基硅烷改性纳米结晶纤维素右侧接触角

图6-5 表面改性纳米结晶纤维素与聚氨酯水性木器漆间的接触角

木器漆基材间的相容性较差,二者之间的左侧接触角为 87.8°,右侧接触角为 87.9°。3-氨丙基三乙氧基硅烷和 3-(2,3-环氧丙氧)丙基三甲氧基硅烷改性可以提高纳米结晶纤维素颗粒与聚氨酯基材间的相容性。利用质量分数为 4% 的 3-氨丙基三乙氧基硅烷改性可使纳米结晶纤维素的接触角下降 24.6%,其左侧和右侧接触角分别降至 66.2° 和 66.3°;当 3-氨丙基三乙氧基硅烷的用量为 6% 时,表面改性纳米结晶纤维素的左侧接触角下降到 62.5°,右侧接触角下降到 62.7°(下降幅度达到 28.8%);而经过 8% 的 3-氨丙基三乙氧基硅烷改性处理的纳米结晶纤维素颗粒对聚氨酯基材浸润性的改善效果降低,仅为 28.1%(左侧接触角和右侧接触角分别为 63.1° 和 62.9°),这种接触角轻微上升的主要原因是 3-氨丙基三乙氧基硅烷在纳米结晶纤维素颗粒表面接枝率的下降(由于 3-氨丙基三乙氧基硅烷的疏水性基团产生的空间位阻导致)。相比 3-氨丙基三乙氧基硅烷,3-(2,3-环氧丙氧)丙基三甲氧基硅烷改性纳米结晶纤维素颗粒的表面疏水性基团接枝率较差,利用 4% 的 3-(2,3-环氧丙氧)丙基三甲氧基硅烷改性处理导致纳米结晶纤维素对聚氨酯基材的接触角分别从 87.8° 和 87.9° 下降至 68.3° 和 68.5°,但是随着 3-(2,3-环氧丙氧)丙基三甲氧基硅烷质量分数的进一步增加,改性纳米结晶纤维素与聚氨酯基材间的接触角趋于稳定;当 3-(2,3-环氧丙氧)丙基三甲氧基硅烷的用量为 8% 时,改性纳米结晶纤维素颗粒的接触角下降幅度为 24.9%。

6.3.2 纳米结晶纤维素/聚氨酯水性木器漆复合材料的表征

6.3.2.1 纳米结晶纤维素/聚氨酯水性木器漆复合材料扫描电镜(SEM)分析

原始纳米结晶纤维素具有表面能高、配位不足等特点,其表面羟基在改性过程中被 3 - 氨丙基三乙氧基硅烷和 3 - (2,3 - 环氧丙氧)丙基三甲氧基硅烷结构中的疏水性基团取代,经过表面改性处理的纳米结晶纤维素颗粒能够在聚氨酯水性木器漆基材的分子链空隙中均匀分散(李金玲 等,2010)。反映纳米结晶纤维素/聚氨酯水性木器漆复合材料的结构模型如图 6-6 所示,使用高压均质机处理聚氨酯复合材料以分散纳米结晶纤维素颗粒时,会破坏聚氨酯水性木器漆的线性结构。

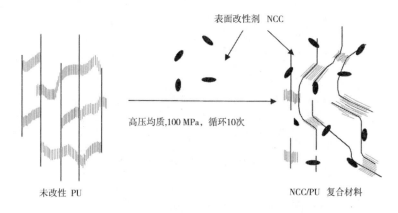

图 6-6 纳米结晶纤维素/聚氨酯水性木器漆复合材料的结构模型

纳米结晶纤维素颗粒与聚氨酯水性木器漆基材之间的相容性被表面改性剂明显增强,导致经过改性处理后的纳米结晶纤维素颗粒在复合材料中的分散状态均匀。3 - 氨丙基三乙氧基硅烷和 3 - (2,3 - 环氧丙氧)丙基三甲氧基硅烷改性纳米结晶纤维素以不同质量分数制备而成的聚氨酯水性木器漆复合材料的形态由扫描电镜分析,如图 6-7 所示。

以分别经过 6% 用量的 3 - 氨丙基三乙氧基硅烷和 3 - (2,3 - 环氧丙氧)丙基三甲氧基硅烷处理的纳米结晶纤维素颗粒为例,表面改性后的纳米结晶纤维素颗粒以白点的形式出现在聚氨酯水性木器漆基材中,这些白点与复合材料垂直面上的纳米纤维素晶体有关。改性纳米结晶纤维素在聚氨酯基材中的分散状态受浓度影响:图 6-7(a)和(b)分别显示了质量分数为 0.5% 和 1.0% 的 3 - 氨丙基三乙氧基硅烷改性纳米结晶纤维素在聚氨酯水性木器漆复合材料中的分散状态,改性纳米结晶纤维素表面的氨基导致疏水性能提高

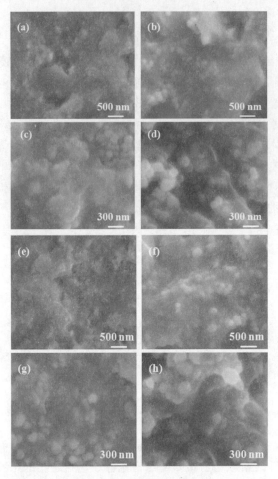

(a)3－氨丙基三乙氧基硅烷改性纳米结晶纤维素(0.5%)；

(b)3－氨丙基三乙氧基硅烷改性纳米结晶纤维素(1.0%)；

(c)3－氨丙基三乙氧基硅烷改性纳米结晶纤维素(1.5%)；

(d)3－氨丙基三乙氧基硅烷改性纳米结晶纤维素(2.0%)；

(e)3－(2,3－环氧丙氧)丙基三甲氧基硅烷改性纳米结晶纤维素(0.5%)；

(f)3－(2,3－环氧丙氧)丙基三甲氧基硅烷改性纳米结晶纤维素(1.0%)；

(g)3－(2,3－环氧丙氧)丙基三甲氧基硅烷改性纳米结晶纤维素(1.5%)；

(h)3－(2,3－环氧丙氧)丙基三甲氧基硅烷改性纳米结晶纤维素 (2.0%)

图 6-7　含有不同浓度表面改性纳米结晶纤维素颗粒的纳米结晶纤维素/
聚氨酯水性木器漆复合材料的扫描电镜分析

使纳米颗粒分散均匀；纳米颗粒质量分数的增加影响其分散状态,当改性纳米
结晶纤维素颗粒的浓度大于1.5%时开始出现轻微的团聚现象(见图6-7(c)、

(d))。由于环氧基团接枝率较低,经过 3 -(2,3 - 环氧丙氧)丙基三甲氧基硅烷改性处理后的纳米结晶纤维素颗粒在质量分数为 0.5% 时能够在聚氨酯基材中均匀分散(见图 6-7(e)),但是当改性纳米结晶纤维素颗粒的质量分数大于 1.0% 时,上述纳米颗粒在聚氨酯基材中就出现了轻微的团聚现象(见图 6-7(f)、(g)、(h))。改性纳米结晶纤维素表面疏水基团的接枝率与纳米颗粒和聚氨酯基材间的接触角有关,是影响纳米颗粒在聚氨酯水性木器漆基材中分散状态的主要原因。

6.3.2.2 纳米结晶纤维素/聚氨酯水性木器漆复合材料 X - 射线衍射(XRD)分析

芳香族聚氨酯水性木器漆的结晶结构主要受到线性聚氨酯分子中软段和硬段的影响,软段和硬段的种类以及密集程度会导致聚氨酯结构的规整性发生变化,聚氨酯基材的结构越规整,尤其是占聚氨酯分子链大部分的软段的结构越规整、分子间氢键含量越高,那么整个聚氨酯分子的结晶性就越高(李绍雄 等,2002;任志勇 等,1988)。纳米结晶纤维素表面覆盖大量活性羟基,可与聚氨酯分子链结构中的强电负性的原子形成氢键,在聚氨酯分子链间形成稳定的网络结构,从而提高聚氨酯水性木器漆的结晶程度,其反应机制如图 6-8 所示。

图 6-8　纳米结晶纤维素提高聚氨酯水性木器漆结晶度的反应机制

聚氨酯基材的结晶结构被改性纳米结晶纤维素明显影响,纳米结晶纤维素/聚氨酯水性木器漆复合材料的 X - 射线衍射谱图如图 6-9 所示。水性木器漆基材的 X - 射线衍射谱图显示出了位于 27.3°、29.1° 和 35.7° 的三个特征衍射峰,随着改性纳米结晶纤维素颗粒的添加,聚氨酯复合材料 X - 射线衍射图样的峰位虽然没有发生变化,但是衍射强度明显得到增强,即纳米结晶纤维素颗粒的加入没有在聚氨酯复合材料中形成不同的晶体结构,只是通过在聚氨酯分子链之间形成稳定网络提高了基材的结晶程度。如图 6-9(a)所示,经过 3 - 氨丙基三乙氧基硅烷改性的纳米结晶纤维素颗粒导致了聚氨酯复合材料位于 27.3° 和 29.1° 的衍射峰的增强,但是位于 35.7° 的特征峰受 3 - 氨丙基三乙氧基硅烷改性纳米结晶纤维素的影响不明显,其衍射强度相对稳定;相比 3 - 氨丙基三乙氧基硅烷改性纳米结晶纤维素,经过 3 -(2,3 - 环氧丙氧)丙基三甲氧基硅烷改性处理的纳米结晶纤维素在聚氨酯水性木器漆基材中的分散性较差,限制了该纳米颗粒与聚氨酯大分子形成分子链间的氢键,导致含有 3 −(2,3 −环氧丙氧)丙基三甲氧基硅烷改性纳米结晶纤维素颗粒的聚氨酯复合材料只有位于 27.2°的特征衍射峰强度明显提高,而位于 29.3°和 35.8°的特征峰没有显著区别(见图 6-9(b))。

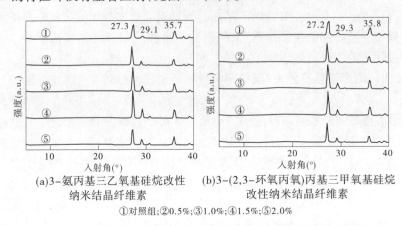

(a)3 −氨丙基三乙氧基硅烷改性
纳米结晶纤维素

(b)3 −(2,3 −环氧丙氧)丙基三甲氧基硅烷
改性纳米结晶纤维素

①对照组;②0.5%;③1.0%;④1.5%;⑤2.0%

图 6-9　含有不同用量纳米结晶纤维素的聚氨酯水性木器漆复合材料的 X −射线衍射谱图

随着高反应活性的 3 −氨丙基三乙氧基硅烷和 3 −(2,3 −环氧丙氧)丙基三甲氧基硅烷改性纳米结晶纤维素颗粒的添加,聚氨酯水性木器漆基材的软段和硬段的构象被分子链间氢键的形成影响并进一步影响到了复合材料的结晶结构(Mondal et al,2008;Liu et al,2002)。纳米结晶纤维素/聚氨酯水性木器漆复合材料的结晶度会随着改性纳米结晶纤维素用量的增加有轻微的提高(见表 6-4)。

表 6-4　纳米结晶纤维素/聚氨酯水性木器漆复合材料的结晶度　　（%）

样品	改性剂用量				
	0	0.5	1.0	1.5	2.0
3 −氨丙基三乙氧基硅烷改性纳米结晶纤维素	48.56	50.32	50.77	51.45	51.68
3 −(2,3 −环氧丙氧)丙基三甲氧基硅烷改性纳米结晶纤维素	48.56	49.69	50.33	50.81	50.86

6.3.2.3　纳米结晶纤维素/聚氨酯水性木器漆复合材料热重(TG)分析

利用热重分析测定纳米结晶纤维素/聚氨酯水性木器漆复合材料的热稳

定性。由于改性纳米结晶纤维素的添加,聚氨酯基材的结构中会形成大量的分子链间氢键,复合材料的结晶结构因此得到增强后其热稳定性也得到了相应的强化(沈慧芳 等,2010;李绍雄 等,2002)。

如图6-10所示,3-氨丙基三乙氧基硅烷和3-(2,3-环氧丙氧)丙基三甲氧基硅烷改性纳米结晶纤维素颗粒对聚氨酯复合材料结晶结构的不同影响导致其热稳定性发生不同变化。3-氨丙基三乙氧基硅烷改性纳米结晶纤维素/聚氨酯水性木器漆复合材料的失重现象发生在210~230 ℃,其主要原因是复合材料中酯键的热降解(见图6-10(a))。原始聚氨酯水性木器漆的热降解温度为213.5 ℃,表面改性纳米结晶纤维素的添加导致了水性木器漆复合材料热稳定性的改善和降解温度的提高。当3-氨丙基三乙氧基硅烷改性纳米结晶纤维素的用量为1.0%时,复合材料的起始降解温度从213.5 ℃提高至227.8 ℃;当改性纳米结晶纤维素颗粒的用量大于1.0%时,复合材料的热稳定性明显下降,2.0%的改性纳米结晶纤维素导致纳米结晶纤维素/聚氨酯水性木器漆复合材料的失重现象发生温度降为216.2 ℃。如图6-10(b)所示,3-(2,3-环氧丙氧)丙基三甲氧基硅烷改性纳米结晶纤维素对复合材料热稳定性的改善作用有限,当改性纳米结晶纤维素的用量为0.5%时复合材料的失重温度提高至217.8 ℃,随后复合材料的热稳定性开始缓慢下降,含有2.0%的3-(2,3-环氧丙氧)丙基三甲氧基硅烷改性纳米结晶纤维素颗粒导致复合材料的失重发生在213.7 ℃。添加改性纳米结晶纤维素可以导致复合材料热降解现象的推迟,这主要是因为添加分散性良好的纳米结晶纤维素颗粒后,聚氨酯水性木器漆基材中软段和硬段的相分离得到改善。

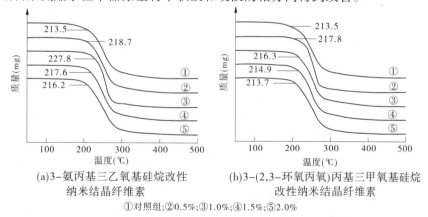

(a)3-氨丙基三乙氧基硅烷改性
纳米结晶纤维素

(b)3-(2,3-环氧丙氧)丙基三甲氧基硅烷
改性纳米结晶纤维素

①对照组;②0.5%;③1.0%;④1.5%;⑤2.0%

图6-10　含有不同用量改性纳米结晶纤维素的纳米结晶纤维素/
聚氨酯水性木器漆复合材料的热重分析曲线

6.3.3　纳米结晶纤维素/聚氨酯水性木器漆复合材料性能的测定

通过对分别由 3 - 氨丙基三乙氧基硅烷和 3 - (2,3 - 环氧丙氧)丙基三甲氧基硅烷改性纳米结晶纤维素与水性木器漆制成的复合材料的表征可知，3 - 氨丙基三乙氧基硅烷改性纳米结晶纤维素颗粒在聚氨酯基材中的分散性能良好，同时对复合材料结晶结构和热稳定性等的强化效果明显，所以对复合材料性能的测定以 3 - 氨丙基三乙氧基硅烷改性纳米结晶纤维素/聚氨酯水性木器漆复合材料为例。

6.3.3.1　纳米结晶纤维素/聚氨酯水性木器漆复合材料傅立叶变换红外（FT - IR）分析

以未添加改性纳米结晶纤维素的聚氨酯水性木器漆为对照组，利用傅立叶红外(傅立叶变换红外光谱)对未经紫外辐射处理的 3 - 氨丙基三乙氧基硅烷改性纳米结晶纤维素/聚氨酯水性木器漆复合材料和经过紫外辐射处理的 3 - 氨丙基三乙氧基硅烷改性纳米结晶纤维素/聚氨酯水性木器漆复合材料进行化学结构表征以分析纳米结晶纤维素颗粒在复合材料受到紫外辐射处理的过程中所起的作用。空白聚氨酯水性木器漆的红外谱图(见图 6-11①)中亚氨基的伸缩振动特征峰位于 3 350 cm^{-1}，C—H 的不对称伸缩振动峰位于 2 885 cm^{-1}，羰基的特征峰位于 1 728 cm^{-1}，而位于 1 135 cm^{-1} 和 1 456 cm^{-1} 的特征峰与 C—O—C 的伸缩振动有关。3 - 氨丙基三乙氧基硅烷改性纳米结晶纤维素的添加导致了聚氨酯复合材料红外谱图中位于 3 430 cm^{-1} 的羟基特征吸收峰的出现，该特征峰的出现标志着羟基被引入纳米结晶纤维素/聚氨酯水性木器漆复合材料中(见图 6-11②)。

如图 6-11③所示，经过紫外辐射处理后，聚氨酯水性木器漆复合材料位于 3 430 cm^{-1} 的羟基吸收峰强度下降，而位于 1 728 cm^{-1} 的羰基特征吸收峰强度明显增加，表明水性木器漆复合材料中纳米结晶纤维素的表面活性羟基在吸收紫外辐射能量时被氧化成了羰基，即发生了纤维素的光降解(高洁 等，1999)。同时，复合材料位于 3 350 cm^{-1}、2 885 cm^{-1} 以及 1 456 cm^{-1} 和 1 135 cm^{-1} 的特征吸收峰强度相对稳定，表明复合材料中纳米结晶纤维素颗粒的表面羟基在被氧化成羰基的过程中吸收了紫外辐射的能量从而避免了聚氨酯水性木器漆的光化学降解，也就导致聚氨酯基材的化学结构在紫外线的处理过程中得到了保护。

6.3.3.2　纳米结晶纤维素/聚氨酯水性木器漆复合材料 X - 射线光电子能谱（XPS）分析

典型的纳米结晶纤维素/聚氨酯水性木器漆复合材料 O_{1s} 类型的 X - 射线

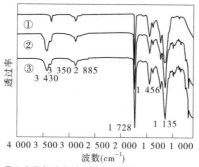

①空白聚氨酯水性木器漆对照组;
②未经紫外辐射处理的3-氨丙基三乙氧基硅烷改性
纳米结晶纤维素/聚氨酯水性木器漆复合材料;
③经紫外辐射处理的3-氨丙基三乙氧基硅烷改性
纳米结晶纤维素/聚氨酯水性木器漆复合材料

图 6-11　红外谱图

光电子能谱图谱如图 6-12 所示,利用 X - 射线光电子能谱测定聚氨酯复合材料涂层的成分变化可以分析紫外辐射造成的影响。位于 530. 35 eV 的 O_0 峰是羰基的特征峰,位于 531. 99 eV 的 O_1 峰代表了醚型连接中的氧,位于 533. 41 eV 的特征 O_2 峰代表 C—OH 连接(Barry et al,1990)

　　图 6-12(a)中显示的是未经紫外辐射处理的 3 - 氨丙基三乙氧基硅烷改性纳米结晶纤维素/聚氨酯水性木器漆复合材料的 X - 射线光电子能谱曲线,经过紫外线辐射处理后聚氨酯复合材料的 X - 射线光电子能谱曲线出现了显著变化(见图 6-12(b)),O_2 峰强度的明显下降表示经过紫外辐射处理后聚氨酯复合材料中的羟基含量下降,而同时 O_0 峰的强度得到显著的增加,上述现象表明聚氨酯复合材料在受到紫外辐射的处理过程中有大量羟基吸收紫外能量被氧化成了羰基;复合材料的 O_1 特征峰的衍射强度在受到紫外线辐射前后保持相对稳定,该现象说明聚氨酯水性木器漆中的醚键在受到紫外线处理后含量基本保持稳定。聚氨酯复合材料的 X - 射线光电子能谱分析结果指出,在紫外辐射条件下,3 - 氨丙基三乙氧基硅烷改性纳米结晶纤维素颗粒的表面羟基可以吸收紫外辐射能量被氧化成羰基,而水性木器漆基材结构中的醚键连接发生断裂等光化学降解反应被抑制。

　　如表 6-5 所示,对照组与经过紫外辐射处理的纳米结晶纤维素/聚氨酯水性木器漆复合材料的表面组分含量区别明显。聚氨酯复合材料的 O_{1s} 总含量在紫外辐射处理前后基本稳定,由于羟基的氧化导致 O_2 的含量从紫外辐射处

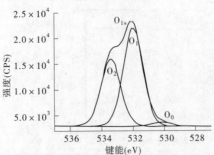

(a)未经紫外辐射处理的3-氨丙基三乙氧基硅烷改性
纳米结晶纤维素/聚氨酯水性木器漆复合材料

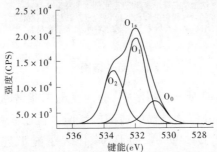

(b)经过紫外辐射处理的3-氨丙基三乙氧基硅烷改性
纳米结晶纤维素/聚氨酯水性木器漆复合材料

图 6-12 O_{1s} 类型的 X - 射线光电子能谱

理前的 9.56% 下降到处理后的 7.92%,O_0 的含量从 0.67% 提高至 3.47%,标志着羰基在紫外辐射处理过程中大量生成,O_1 含量的稳定说明聚氨酯水性木器漆基材中醚键的稳定,表明 3 - 氨丙基三乙氧基硅烷改性纳米结晶纤维素对聚氨酯基材保护作用显著(Zhang et al,2014)。

表 6-5   改性纳米结晶纤维素/聚氨酯水性木器漆复合材料的 O_{1s} 类型 X - 射线光电子能谱分析

样品	表面组分含量(%)			
	O_{1s}	O_0	O_1	O_2
对照组	23.71	0.67	13.48	9.56
紫外辐射组	24.27	3.47	12.88	7.92

6.3.3.3 纳米结晶纤维素/聚氨酯水性木器漆复合材料的耐黄变性能

聚氨酯水性木器漆暴露在紫外辐射下会导致树脂基材的光化学降解,发生的主要化学反应是芳香环之间亚甲基的光氧化,可形成醌式结构或者偶氮结构,引起聚氨酯涂层的黄变(Rek et al,1984;Hoyle et al,1987)。聚氨酯涂层黄变的反应机制如图 6-13 所示。

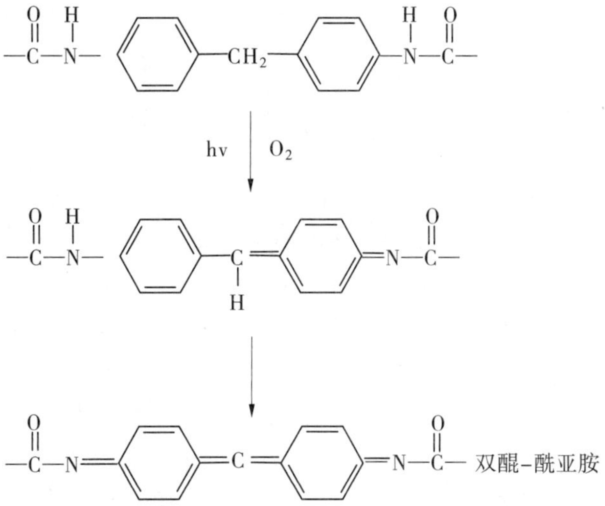

图 6-13　聚氨酯水性木器漆黄变的机制

聚氨酯基材吸收 340 nm 波长的紫外光后,结构中的异氰酸酯受到明显影响,其亚甲基结构单元发生氧化从而生成不稳定的氢过氧化物,进一步可以形成具有醌－酰亚胺结构的发色基团,使聚氨酯基材开始出现黄变,随着氧化程度的进一步加深,发色基团的醌－酰亚胺结构逐渐变为双醌－酰亚胺结构,会导致涂层颜色继续加深至琥珀色(高晓敏 等,2005;徐永伟 等,2004)。

改性纳米结晶纤维素表面的活性羟基对紫外线能量敏感,可使由紫外辐射导致的聚氨酯水性木器漆光化学降解被避免(Zhang et al,2014)。表面改性纳米结晶纤维素的添加与水性木器漆复合材料黄变程度间的关系如图 6-14所示。

随着改性纳米结晶纤维素用量的提高,聚氨酯水性木器漆复合材料的耐黄变性能得到明显的改善。如图 6-14①所示,对照组的空白聚氨酯水性木器漆被紫外线辐射 42 h 可导致的黄变程度 ΔE 为 0.5,而聚氨酯水性木器漆复合材料(含有 1.5% 改性纳米结晶纤维素)的 ΔE 降低至 0.2;经过 84 h 紫外辐射处理后的对照组样品的 ΔE 为 0.9,添加 1.5% 改性纳米结晶纤维素可使聚氨酯复合材料的 ΔE 下降 55.6%,达到 0.4(见图 6-14②)。图 6-14③和

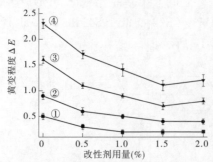

①紫外照射42 h;②紫外照射84 h;③紫外照射126 h;④紫外照射168 h

图6-14　纳米结晶纤维素/聚氨酯水性木器漆复合材料的黄变程度

图6-14④表明纳米结晶纤维素/聚氨酯水性木器漆复合材料的 ΔE 经过 126 h 的紫外辐射后下降幅度最高可达 56.3%（从 1.6 降至 0.7），而经历 168 h 的紫外辐射处理后 ΔE 最高可下降 52.2%（从 2.3 降至 1.1）。聚氨酯水性木器漆复合材料的耐黄变性能会受到纳米结晶纤维素颗粒在聚氨酯基材中分散状态的影响，当纳米结晶纤维素颗粒在基材中的浓度超过 1.5% 时会出现团聚现象，其对复合材料耐黄变性能的改善效果开始有轻微的下降。

6.3.3.4　纳米结晶纤维素/聚氨酯水性木器漆复合材料的镜面光泽度

镜面光泽度是纳米结晶纤维素/聚氨酯水性木器漆复合材料的一个表观性能，与复合材料涂层的结构有关。纳米结晶纤维素表面的醇羟基与聚氨酯分子链硬段等结构中的亚胺基或者羰基之间形成的氢键连接使聚氨酯复合材料的结构变的规整而密集，提高了结晶度，而结晶区则由于光的各向异性导致其不透明度提高，增强了照射到复合材料表面光线的反射能力，上述现象是导致聚氨酯复合材料镜面光泽度增强的原因之一（李绍雄 等，2002）。

表面改性纳米结晶纤维素颗粒对聚氨酯水性木器漆复合材料镜面光泽度（60°）的改善效果如图 6-15 所示。当改性纳米结晶纤维素颗粒的用量小于 1.5% 时，聚氨酯复合材料的镜面光泽度增强明显。对照组聚氨酯基材的镜面光泽度为 12.5%，当改性纳米结晶纤维素的用量为 1.5% 时复合材料膜的镜面光泽度增加到了 33.1%，提高幅度为 164.8%。当改性纳米结晶纤维素的用量为 2.0% 时，纳米颗粒的团聚导致了其与聚氨酯分子链间氢键生成效率的降低，因此对复合材料镜面光泽度的改善作用轻微下降，镜面光泽度降至 29.7%。

6.3.3.5　纳米结晶纤维素/聚氨酯水性木器漆复合材料的铅笔硬度

聚氨酯水性木器漆基材中硬段的氨基甲酸酯等结构单元的极性较强，其

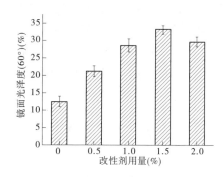

**图 6-15 含有不同用量改性纳米结晶纤维素的
聚氨酯水性木器漆复合材料的镜面光泽度**

中的亚胺基可以与硬段中的羰基或者与软段中的醚氧基等基团形成氢键,该键型起到的物理交联作用导致了硬段微相区的生成,是聚氨酯力学强度的来源(李松栋 等,2008;李绍雄 等,2002)。随着纳米结晶纤维素的加入,其表面羟基与聚氨酯分子链之间可以形成新的氢键连接,这些连接是对聚氨酯基材力学性能进行改善的基础。

聚氨酯复合材料铅笔硬度的改善效果如表 6-6 所示。未添加改性纳米结晶纤维素的聚氨酯水性木器漆涂层结构不稳定,其铅笔硬度为 2H。随着改性纳米结晶纤维素颗粒的添加,复合材料内部的物理交联作用得到增强,铅笔硬度逐渐提高。使用质量分数为 0.5% 的改性纳米结晶纤维素颗粒后,聚氨酯复合材料的铅笔硬度从 2H 增加到了 3H;用量为 1.0% 和 1.5% 的改性纳米结晶纤维素颗粒均可以导致复合材料的铅笔硬度显著增加至 4H。发生团聚的纳米结晶纤维素颗粒与聚氨酯水性木器漆形成分子链间物理交联结构的能力下降,不能有效地支撑聚氨酯水性木器漆的化学结构,导致添加用量为 2.0% 的改性纳米结晶纤维素颗粒后聚氨酯复合材料的铅笔硬度有轻微下降。

表 6-6 纳米结晶纤维素/聚氨酯水性木器漆复合材料的铅笔硬度

纳米结晶纤维素/ 聚氨酯水性木器漆复合材料	对照组	改性纳米结晶纤维素用量(%)			
		0.5	1.0	1.5	2.0
铅笔硬度	2H	3H	4H	4H	3H

6.3.3.6 纳米结晶纤维素/聚氨酯水性木器漆复合材料的耐磨性

聚氨酯水性木器漆基材的交联度是影响其耐磨性能的主要因素,改性纳米结晶纤维素与聚氨酯基材分子链之间依靠氢键形成的物理交联网络结构可以增强基材的交联度(李绍雄 等,2002)。聚氨酯水性木器漆膜的磨损量被用来作为反映该材料的耐磨性能的指标,由于添加改性纳米结晶纤维素颗粒导致的聚氨酯水性木器漆复合材料磨损量的下降,如图 6-16 所示。

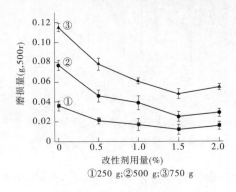

①250 g;②500 g;③750 g

图 6-16　不同载荷下纳米结晶纤维素/聚氨酯水性木器漆复合材料的磨损量

　　纳米结晶纤维素/聚氨酯水性木器漆复合材料的磨损量如图 6-16 所示,上述磨损量的降低标志着聚氨酯复合材料耐磨性能随着表面改性纳米结晶纤维素的添加而显著增强。如图 6-16①所示,当载荷为 250 g 时,含有 1.5% 改性纳米结晶纤维素的聚氨酯复合材料的磨损量从对照组的 0.036 g 降至 0.012 g;而含有 1.5% 改性纳米结晶纤维素的复合材料在载荷为 500 g 时的磨损量与对照组相比下降了 67.6%(见图 6-16②),从 0.077 g 降低到 0.025 g。与未经改性的聚氨酯水性木器漆相比,在载荷为 750 g 时含有 1.5% 改性纳米结晶纤维素的复合材料的耐磨性提高了 58.3%,其磨损量从 0.115 g 下降到 0.048 g(见图 6-16③)。3 – 氨丙基三乙氧基硅烷改性纳米结晶纤维素颗粒的用量继续升高会对其在聚氨酯基材中的分散性造成影响,而团聚后的纳米颗粒与聚氨酯基材分子链间的交联效率下降,所以用量为 2.0% 的改性纳米结晶纤维素颗粒在发生团聚现象的同时降低了其对聚氨酯水性木器漆基材耐磨性能的改善效果。

6.4　本章小结

　　本章以 3 – 氨丙基三乙氧基硅烷和 3 – (2,3 – 环氧丙氧)丙基三甲氧基硅烷作为纳米结晶纤维素的表面改性剂,以提高其在聚氨酯水性木器漆基材中的分散性,并将改性后的纳米颗粒与聚氨酯水性木器漆混合,以改善漆膜的耐黄变性能、镜面光泽度、铅笔硬度和耐磨性能。通过研究得到如下结论:

(1)3 - 氨丙基三乙氧基硅烷和3 - (2,3 - 环氧丙氧)丙基三甲氧基硅烷作为纳米结晶纤维素的改性剂,可以分别向其表面引入氨基和环氧基。当3 - 氨丙基三乙氧基硅烷的用量为6%时,改性纳米结晶纤维素颗粒表面的接枝率为22.8%;由于环氧基空间位阻较大,3 - (2,3 - 环氧丙氧)丙基三甲氧基硅烷导致的纳米结晶纤维素表面接枝率仅为20.8%。较高的接枝率也导致3 - 氨丙基三乙氧基硅烷的改性处理对纳米结晶纤维素的结晶结构破坏明显,改性后纳米结晶纤维素的结晶度下降了7.18%,明显高于3 - (2,3 - 环氧丙氧)丙基三甲氧基硅烷表面改性导致的3.88%的下降。当3 - 氨丙基三乙氧基硅烷的用量为6%时,改性纳米结晶纤维素颗粒与聚氨酯水性木器漆基材之间的接触角下降了28.8%;3 - (2,3 - 环氧丙氧)丙基三甲氧基硅烷引入的环氧基团在纳米结晶纤维素颗粒表面的接枝率低,改性处理后的纳米结晶纤维素颗粒与聚氨酯基材间的接触角下降幅度为24.9%。

(2)聚氨酯水性木器漆复合材料的扫描电镜分析表明,3 - 氨丙基三乙氧基硅烷改性纳米结晶纤维素颗粒在聚氨酯基材中的分散状态相对较均匀,而经过3 - (2,3 - 环氧丙氧)丙基三甲氧基硅烷改性的纳米结晶纤维素颗粒在质量分数大于1.0%时就出现了轻微的团聚现象。3 - 氨丙基三乙氧基硅烷改性纳米结晶纤维素颗粒的添加明显增强了纳米结晶纤维素/聚氨酯水性木器漆复合材料位于27.3°和29.1°的衍射峰,而3 - (2,3 - 环氧丙氧)丙基三甲氧基硅烷改性纳米结晶纤维素只对复合材料位于27.2°的衍射峰有一定程度的强化。3 - 氨丙基三乙氧基硅烷改性纳米结晶纤维素对聚氨酯水性木器漆复合材料热稳定性的改善作用达到6.7%,明显高于3 - (2,3 - 环氧丙氧)丙基三甲氧基硅烷改性纳米结晶纤维素颗粒。

(3)利用3 - 氨丙基三乙氧基硅烷改性纳米结晶纤维素颗粒制备聚氨酯水性木器漆复合材料并检测其性能变化。经过傅立叶变换红外光谱和X - 射线光电子能谱分析,由于3 - 氨丙基三乙氧基硅烷改性纳米结晶纤维素颗粒在聚氨酯基材中能够均匀分散,所以可有效保护聚氨酯基材结构不受紫外辐射破坏。改性纳米结晶纤维素颗粒的加入抑制了聚氨酯基材的光化学降解,当复合材料中含有1.5%的表面改性纳米结晶纤维素时表现出优异的耐黄变性能,同时其镜面光泽度提高了164.8%。均匀分散的纳米结晶纤维素颗粒可以通过与聚氨酯大分子形成分子链间氢键而有效地支撑线性聚氨酯树脂的化学结构并使其铅笔硬度从空白对照组的2H提高到4H。聚氨酯水性木器漆的交联度与其耐磨性有直接的关系，表面改性纳米结晶纤维素颗粒的添加可以增加纳米结晶纤维素/聚氨酯水性木器漆复合材料中的交联网络结构，从而显著提高复合材料的耐磨性能。

第7章　纳米结晶纤维素改性酚醛树脂的性能和机制研究

7.1　酚醛树脂的研究现状

酚醛树脂也叫电木或者电木粉,是一种性能优良的工程用高分子材料,具有高黏结强度、高热稳定性以及强耐酸腐蚀性等优点,可以在一些领域替代木材或者金属材料。拜耳在1872年首次合成出酚醛树脂材料,随着工业技术的不断发展,德国建立起了世界上第一家用于制备酚醛树脂的工厂,自此人类开始了合成高分子化合物的新纪元。作为一种广受关注的材料,单一的酚醛树脂在固化后涂层或者制备酚醛泡沫时产生的脆性等机械性能的不足是影响其应用范围和性能表现的主要缺点,以酚醛树脂为基材制备复合材料能够改善单组分酚醛树脂的机械性能和应用表现。

无机填料是常见的用于合成酚醛树脂复合材料并能明显改善复合材料机械性能等的填料种类。Yoonessi et al利用碳纤维作为增强相处理酚醛树脂基材(Yoonessi et al,2008;Park et al,2012;Yuan et al,2012);另外,多壁碳纳米管也被用来提高单组分酚醛树脂的稳定性(Liu et al,2009)。超支化聚硼酸和黏土可以在改善单组分酚醛树脂韧性的基础上增强其弯曲强度、冲击强度和断裂强度等(Xu et al,2012;Tasan et al,2009)。空心玻璃微球由于具有优良的力学性能,也可以用于改善酚醛树脂基材的冲击强度和热稳定性(苗蔚 等,2009)。

相比无机填料,含有有机填料的酚醛树脂复合材料优势明显,比如具有生物相容性、可生物降解性等。Cardona et al利用苯酚、腰果酚、有机硅和丁腈橡胶作为酚醛树脂的塑化剂和增强剂(Cardona et al,2012;Kaynak et al,2006;廖庆玲 等,2011)。聚酰亚胺、聚乙二醇和乙二醇等与酚醛树脂制备复合材料可以显著提高基材的弯曲模量并改善其脆性(Singh et al,2004;Zhang et al,2013;Ma et al,2005)。随着酯类等填料的加入,单组分酚醛树脂的抗张强度和冲击强度可得到明显强化(Mirski et al,2008;Parameswaran et al,2009)。蔗渣等用来改性酚醛树脂可以显著影响酚醛树脂的冲击强度(Trindade et al,

2004），而亚麻纤维经过改性后也可以用来增强酚醛树脂基材的耐磨性、抗张强度以及弹性模量等性能（De Paiva et al，2006；Zhong et al，2010）。

纳米结晶纤维素作为一种环境友好的纤维素基材料，具有毒性低、可再生以及生物相容性好等特点，其独特的外观形态和结晶结构所导致的突出的机械性能可用于对天然酚醛树脂基材的增韧和增强，并引起了研究人员的广泛关注（Hubbe et al，2008；Li et al，2011）。本章的主要研究内容涉及改性纳米结晶纤维素颗粒对酚醛树脂基材抗张强度、抗弯强度和冲击强度等的改善效果及机制研究。

7.2　酚醛树脂复合材料的制备和表征

7.2.1　材料和试剂

本章试验所需的酚醛树脂胶黏剂购自北京泰尔化工有限公司，线型结构，固含量51.3%；落叶松木片购自内蒙古。本章所使用的化学试剂如表7-1所示。

表7-1　化学试剂

试剂名称	分子式	生产厂家
3 –（2 –氨乙基）–氨丙基甲基二甲氧基硅烷（MCPS）	$NH_2(CH_2)_2NH(CH_2)_3$ $SiCH_3(OCH_3)_2$	北京申达精细化工有限公司
3 –甲基丙烯酰氧丙基三甲氧基硅烷（MPS）	$C_7H_{11}O_2Si(OCH_3)_3$	北京申达精细化工有限公司
无水乙醇（Ethanol）	C_2H_5OH	北京化工厂
硫酸（Sulfuric acid）	H_2SO_4	北京化工厂
盐酸（Hydrochloric acid）	HCl	北京化工厂

试验中所用原料都没有经过任何提纯处理，改性用硅烷为化学纯，其余所有试剂均为分析纯，所用水均为去离子水。

7.2.2　仪器和设备

本章所用仪器和设备规格及来源如表7-2所示。

表 7-2　仪器和设备规格及来源

仪器名称	型号	生产厂家
电子天平	FA1004N	上海精密科学仪器有限公司
电热磁力搅拌器	RCT 基本型	广州仪科实验室技术有限公司(IKA 中国分公司)
全自动新型鼓风干燥箱	ZRD－7230	上海智城分析仪器制造有限公司
离心机	LD4－2A	北京京立离心机有限公司
X－射线衍射仪(XRD)	XRD－6000	日本岛津公司(Shimadizu)
冷冻干燥机	FD－1D－50	北京博医康实验仪器有限公司
高压均质机	NS1001L Panda	意大利 GEA Niro Soavi 公司
扫描电子显微镜(SEM)	S－3000N	日本日立公司(Hitachi)
视频光学接触角测量仪	OCAH200	德国 Dataphysics 公司

7.2.3　纳米结晶纤维素及酚醛树脂复合材料的制备

7.2.3.1　纳米结晶纤维素颗粒的制备

落叶松纤维素的分离工艺同 4.2.3。纤维素的处理工艺如下:利用质量分数为 25% 的硫酸水溶液对纤维素进行水解,以 1:6 的固液比在 60 ℃下水解 5 h,整个水解过程持续对样品进行 30 r/min 的搅拌。将水解纤维素洗涤干燥后配制成 1% 的水溶液并在 100 MPa 下进行 8 次均质处理,制成长度为 100 ~ 200 nm、直径为 20 ~ 50 nm 的纳米结晶纤维素颗粒,然后在 －50 ℃条件下冷冻干燥处理 24 h 制备干燥粉体。

7.2.3.2　纳米结晶纤维素的表面改性

以 3－(2－氨乙基)－氨丙基甲基二甲氧基硅烷和 3－甲基丙烯酰氧基丙基三甲氧基硅烷作为纳米结晶纤维素的表面改性剂(见图 7-1),表面改性工艺条件同 4.2.3。

7.2.3.3　纳米结晶纤维素/酚醛树脂复合材料的制备

将经过 3－(2－氨乙基)－氨丙基甲基二甲氧基硅烷和 3－甲基丙烯酰氧基丙基三甲氧基硅烷改性后的纳米结晶纤维素颗粒在 60 ℃的条件下干燥 48 h,然后以共混法(张长生 等,2005)分别将质量分数为 0.5%、1.0%、1.5% 和 2.0% 的改性纳米结晶纤维素颗粒加入到酚醛树脂基材中。利用高压均质处理使上述酚醛树脂复合材料均匀混合,试验条件如下:均质压力为 100

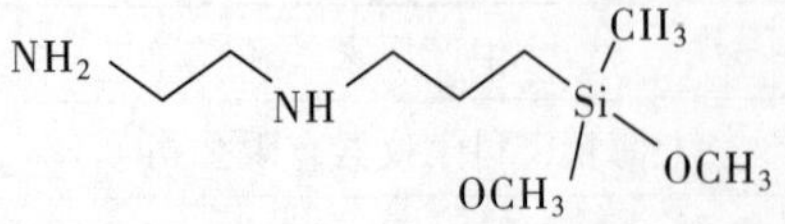

(a)3-(2-氨乙基)-氨丙基甲基二甲氧基硅烷 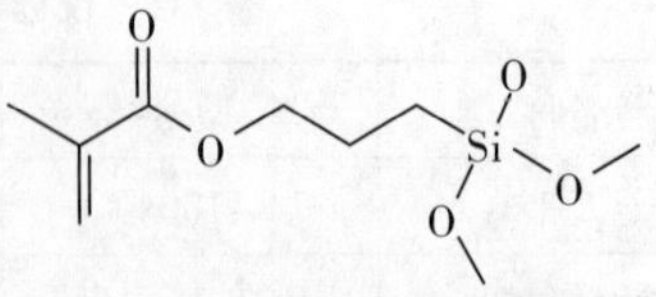   (b)3-甲基丙烯酰氧基丙基三甲氧基硅烷

图7-1 硅烷改性剂分子式

MPa,每次处理100 g纳米结晶纤维素/酚醛树脂复合材料,重复次数为2次。

7.2.4 改性纳米结晶纤维素结构性能的表征方法

7.2.4.1 接枝率(Grafting ratio)

利用称重法按照式(7-1)测定3-(2-氨乙基)-氨丙基甲基二甲氧基硅烷和3-甲基丙烯酰氧基丙基三甲氧基硅烷改性纳米结晶纤维素颗粒的接枝率:

$$GR = \frac{w - w_0}{w_0} \times 100\% \tag{7-1}$$

式中:GR 为接枝率;w 为经过丙酮抽提的改性纳米结晶纤维素的质量;w_0 为未经表面改性的纳米结晶纤维素的质量。

7.2.4.2 接触角(CA)测定

利用视频光学接触角测量仪测定经过3-(2-氨乙基)-氨丙基甲基二甲氧基硅烷和3-甲基丙烯酰氧基丙基三甲氧基硅烷改性的纳米结晶纤维素颗粒与单组分酚醛树脂基材之间的接触角,酚醛树脂溶液被用作接触液体,改性后的纳米结晶纤维素颗粒在10.0 MPa的压力下被制成直径为1.0 cm的薄片,然后将酚醛树脂液滴滴加在纳米结晶纤维素薄片上,记录液滴的形状并测量其与纳米结晶纤维素薄片间的接触角。

7.2.5 纳米结晶纤维素/酚醛树脂复合材料结构性能的表征方法

利用扫描电子显微镜观察经过3-(2-氨乙基)-氨丙基甲基二甲氧基硅烷和3-甲基丙烯酰氧基丙基三甲氧基硅烷改性的纳米结晶纤维素颗粒在酚醛树脂复合材料中的分散状态,复合材料被切片制成样品后粘在导电胶带上喷金,观测电压是15 kV。纳米结晶纤维素/酚醛树脂复合材料的结晶结构利用X-射线衍射仪测定,扫描速度为2°/min,步幅为0.05°,扫描范围是5°~45°,复合材料的结晶度通过计算衍射谱图中不同角度衍射峰的比例获得。

纳米结晶纤维素/酚醛树脂复合材料的抗张强度、抗弯强度和冲击强度按照《树脂浇铸体性能试验方法》（GB/T 2567—2008）所述方法进行测定，复合材料的抗张强度在测定时需要在尺寸为 50 mm × 40 mm × 4 mm 的模具中成型检测样品，在该样品的两端施加方向向外的静态拉力，并逐渐增大拉力直至将样品拉断并根据样品的横截面积计算出样品拉断时单位面积上所受的载荷，即为抗张强度；利用力学测试仪对纳米结晶纤维素/酚醛树脂复合材料的抗弯强度进行测定，需要的样品尺寸为长 100 mm、宽 15 mm、厚 5 mm，将样品的两端支于力学测试仪的支架上，在样品中间施加垂直方向的载荷，直到样品发生断裂，根据载荷大小计算抗弯强度；用于测定酚醛树脂复合材料冲击强度的样品尺寸为 120 mm × 15 mm × 10 mm，其两端被固定在力学测试仪上，然后使用冲击速度为 2.9 m/s 的摆锤冲击样品的中部并计算其冲击强度。

7.3 改性纳米结晶纤维素及酚醛树脂复合材料的表征

7.3.1 改性纳米结晶纤维素的结构和性能表征

7.3.1.1 改性纳米结晶纤维素的疏水性基团接枝率

作为纳米结晶纤维素的改性剂，3－（2－氨乙基）－氨丙基甲基二甲氧基硅烷和 3－甲基丙烯酰氧基丙基三甲氧基硅烷结构中的烷氧基可以通过水解反应生成硅醇基团。未经改性处理的纳米结晶纤维素颗粒表面覆盖的大量羟基可以与水解后改性剂结构中的醇羟基形成稳定的共价键，从而取代了纳米结晶纤维素表面的亲水性基团，以减少纳米颗粒之间由于氢键的生成而导致的团聚。3－（2－氨乙基）－氨丙基甲基二甲氧基硅烷和 3－甲基丙烯酰氧基丙基三甲氧基硅烷对纳米结晶纤维素颗粒的表面接枝改性机制如图 7-2 和图 7-3 所示。

纳米结晶纤维素的表面羟基被水解的 3－（2－氨乙基）－氨丙基甲基二甲氧基硅烷和 3－甲基丙烯酰氧基丙基三甲氧基硅烷接枝取代，对固定在纳米颗粒表面的疏水性基团进行称重可计算改性纳米结晶纤维素的接枝率。由于 3－（2－氨乙基）－氨丙基甲基二甲氧基硅烷和 3－甲基丙烯酰氧基丙基三甲氧基硅烷结构中疏水性基团空间位阻的区别导致两种改性纳米结晶纤维素有着不同的接枝率，如图 7-4 所示。

3－（2－氨乙基）－氨丙基甲基二甲氧基硅烷和 3－甲基丙烯酰氧基丙基

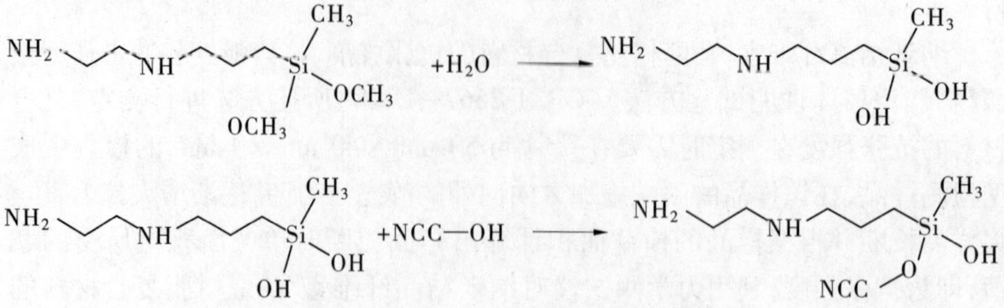

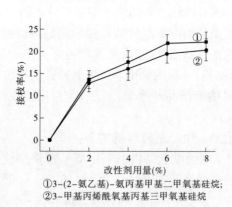

图 7-2 3 – （2 – 氨乙基）– 氨丙基甲基二甲氧基硅烷对
纳米结晶纤维素颗粒的表面接枝改性过程

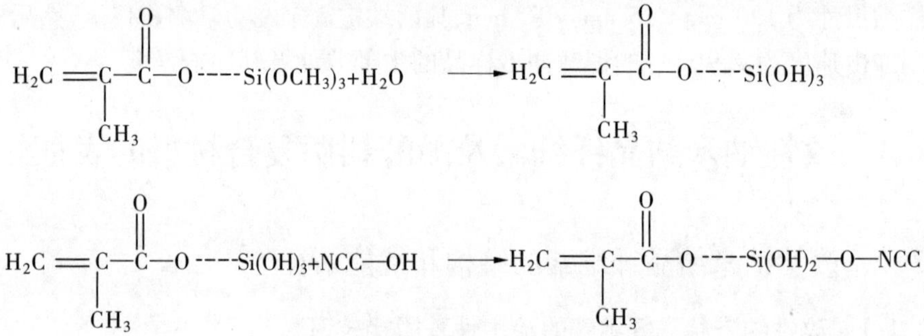

图 7-3 3 – 甲基丙烯酰氧基丙基三甲氧基硅烷对
纳米结晶纤维素颗粒的表面接枝改性过程

①3-(2-氨乙基)-氨丙基甲基二甲氧基硅烷;
②3-甲基丙烯酰氧基丙基三甲氧基硅烷

图 7-4 改性纳米结晶纤维素颗粒的接枝率

三甲氧基硅烷浓度较低的情况下,改性纳米结晶纤维素的接枝率增加较快:当表面改性剂的用量为4%时,3-(2-氨乙基)-氨丙基甲基二甲氧基硅烷对于纳米结晶纤维素颗粒的表面接枝率为17.6%,而3-甲基丙烯酰氧基丙基三甲氧基硅烷的改性过程所导致的纳米结晶纤维素颗粒的表面接枝率受烷基较大的空间位阻的抑制,仅为16.1%。表面改性剂的用量继续增大会导致改性纳米结晶纤维素疏水性基团接枝率的增加速度显著减慢,当3-(2-氨乙基)-氨丙基甲基二甲氧基硅烷和3-甲基丙烯酰氧基丙基三甲氧基硅烷的用量为6%时,纳米结晶纤维素的表面接枝率分别提高到21.8%和19.5%。由于改性剂中氨基和烷基的空间位阻会影响接枝反应的进行,利用8%的3-(2-氨乙基)-氨丙基甲基二甲氧基硅烷改性导致的纳米结晶纤维素接枝率仅为22.1%,略高于3-甲基丙烯酰氧基丙基三甲氧基硅烷改性造成的纳米结晶纤维素颗粒的接枝率(20.4%)。

7.3.1.2 改性纳米结晶纤维素与酚醛树脂间的接触角

纳米结晶纤维素颗粒的表面结构(如疏水性基团的接枝等)直接关系到其表面浸润性等微观性质。本研究用接触角的变化来表征3-(2-氨乙基)-氨丙基甲基二甲氧基硅烷和3-甲基丙烯酰氧基丙基三甲氧基硅烷的改性对纳米结晶纤维素颗粒表面结构的作用,氨基和烷基的引入对纳米结晶纤维素颗粒与酚醛树脂间接触角的影响如图7-5所示。

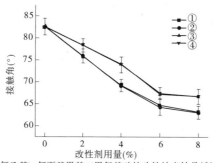

①3-(2-氨乙基)-氨丙基甲基二甲氧基硅烷改性纳米结晶纤维素左侧接触角;
②3-(2-氨乙基)-氨丙基甲基二甲氧基硅烷改性纳米结晶纤维素右侧接触角;
③3-甲基丙烯酰氧基丙基三甲氧基硅烷改性纳米结晶纤维素左侧接触角;
④3-甲基丙烯酰氧基丙基三甲氧基硅烷改性纳米结晶纤维素右侧接触角

图7-5 改性纳米结晶纤维素颗粒与酚醛树脂胶黏剂之间的接触角

来自3-(2-氨乙基)-氨丙基甲基二甲氧基硅烷和3-甲基丙烯酰氧基丙基三甲氧基硅烷的疏水性基团会导致改性纳米结晶纤维素颗粒的表面浸

润性有明显的改变,由于氨基和烷基空间位阻等化学性质的不同会显著影响其接枝率,所以分别经过3-(2-氨乙基)-氨丙基甲基二甲氧基硅烷和3-甲基丙烯酰氧基丙基三甲氧基硅烷改性的纳米结晶纤维素颗粒与酚醛树脂的接触角有不同的变化(见图7-5)。对照组原始纳米结晶纤维素颗粒与酚醛树脂基材间的左侧和右侧接触角分别为82.5°和82.6°,随着表面改性剂的使用,其接触角明显降低。3-(2-氨乙基)-氨丙基甲基二甲氧基硅烷改性导致的纳米结晶纤维素颗粒接触角下降如图7-5①和②所示,当3-(2-氨乙基)-氨丙基甲基二甲氧基硅烷的用量小于6%时,接触角的下降速度稳定,其中6%的3-(2-氨乙基)-氨丙基甲基二甲氧基硅烷改性导致的接触角下降幅度为21.7%;当3-(2-氨乙基)-氨丙基甲基二甲氧基硅烷的用量继续增加时,由于接枝率趋于稳定导致纳米结晶纤维素颗粒的接触角下降变慢,经过8%的3-(2-氨乙基)-氨丙基甲基二甲氧基硅烷改性后纳米结晶纤维素颗粒与酚醛树脂基材间的左侧接触角和右侧接触角分别为63.2°和63.1°(下降幅度为23.4%)。如图7-5③和④所示,3-甲基丙烯酰氧基丙基三甲氧基硅烷改性导致的纳米结晶纤维素接触角下降幅度相对较小。当3-甲基丙烯酰氧基丙基三甲氧基硅烷的用量小于6%时改性纳米结晶纤维素颗粒的接触角出现了较明显的下降,经过6%的3-甲基丙烯酰氧基丙基三甲氧基硅烷改性后纳米结晶纤维素与酚醛树脂间的左侧和右侧接触角分别下降到67.5°和67.3°;在改性剂用量从6%增加到8%的过程中,纳米结晶纤维素颗粒对酚醛树脂基材的浸润性相对稳定,左侧接触角和右侧接触角分别降至66.7°和66.8°,比对照组降低了19.2%。

7.3.2 纳米结晶纤维素/酚醛树脂复合材料的表征

7.3.2.1 纳米结晶纤维素/酚醛树脂复合材料扫描电镜(SEM)分析

纳米结晶纤维素颗粒的活性羟基在表面改性的过程中被水解了的3-(2-氨乙基)-氨丙基甲基二甲氧基硅烷和3-甲基丙烯酰氧基丙基三甲氧基硅烷取代,通过引入氨基和烷基的手段,在提高纳米结晶纤维素疏水性能的同时可以降低其表面能,导致上述改性纳米颗粒在酚醛树脂基材中的分散状态被明显改善。

以经过质量分数为8%的3-(2-氨乙基)-氨丙基甲基二甲氧基硅烷和3-甲基丙烯酰氧基丙基三甲氧基硅烷改性处理的纳米结晶纤维素颗粒为例,其在酚醛树脂基材中的分散状态受到浓度的影响,如图7-6所示,未添加表面改性纳米结晶纤维素颗粒的原始酚醛树脂固化后的外观形态均匀且光滑;经过3－(2－氨乙基)－氨丙基甲基二甲氧基硅烷改性处理的纳米结晶纤维素颗粒在酚醛树脂基材中的分散状态较均匀,质量分数为1.0%和2.0%的纳米结晶纤维素颗粒在复合材料中均没有出现明显的团聚现象(见图7-6(b)和(c));由于3－甲基丙烯酰氧基丙基三甲氧基硅烷结构中的疏水性烷基空间位阻较大,导致其在纳米结晶纤维素表面的接枝率较低,造成用量为1.0%的3－甲基丙烯酰氧基丙基三甲氧基硅烷改性纳米结晶纤维素颗粒在酚醛树脂复合材料中可均匀分散,而当纳米结晶纤维素的用量达到2.0%时就开始出现轻微的团聚现象(见图7-6(e)和(f))。针对酚醛树脂基材,3－(2－氨乙基)－氨丙基甲基二甲氧基硅烷导致的改性纳米结晶纤维素颗粒分散效果的改善优于3－甲基丙烯酰氧基丙基三甲氧基硅烷。

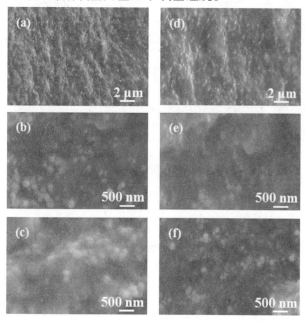

(a)空白酚醛树脂胶黏剂;
(b)1.0%3－(2－氨乙基)－氨丙基甲基二甲氧基硅烷改性纳米结晶纤维素颗粒;
(c)2.0%3－(2－氨乙基)－氨丙基甲基二甲氧基硅烷改性纳米结晶纤维素颗粒;
(d)空白酚醛树脂胶黏剂;
(e)1.0%3－甲基丙烯酰氧基丙基三甲氧基硅烷改性纳米结晶纤维素颗粒;
(f)2.0%3－甲基丙烯酰氧基丙基三甲氧基硅烷改性纳米结晶纤维素颗粒

图7-6　纳米结晶纤维素/酚醛树脂复合材料的 SEM 分析

7.3.2.2 纳米结晶纤维素/酚醛树脂复合材料 X–射线衍射(XRD)分析

经过 3 –(2 –氨乙基)–氨丙基甲基二甲氧基硅烷和 3 –甲基丙烯酰氧基丙基三甲氧基硅烷改性处理的纳米结晶纤维素颗粒在酚醛树脂基材中均匀分布所形成的"海岛"结构可显著影响酚醛树脂胶黏剂的结晶区和无定形区(汪晓东 等,2001)。含有不同疏水性基团的纳米结晶纤维素颗粒对酚醛树脂复合材料的特征衍射峰会产生不同的影响效果,如图7-7 所示。

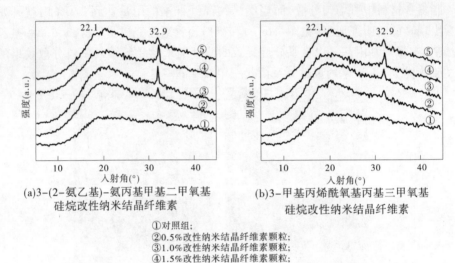

(a)3-(2-氨乙基)-氨丙基甲基二甲氧基　　　(b)3-甲基丙烯酰氧基丙基三甲氧基
　　硅烷改性纳米结晶纤维素　　　　　　　　硅烷改性纳米结晶纤维素

①对照组;
②0.5%改性纳米结晶纤维素颗粒;
③1.0%改性纳米结晶纤维素颗粒;
④1.5%改性纳米结晶纤维素颗粒;
⑤2.0%改性纳米结晶纤维素颗粒

图7-7　纳米结晶纤维素/酚醛树脂复合材料的 X–射线衍射谱图

经过不同表面改性剂处理的纳米结晶纤维素颗粒在酚醛树脂基材中的分散性不同,可导致酚醛树脂复合材料的 X–射线衍射衍射峰出现不同变化。如图7-7(a)所示,随着 3 –(2 –氨乙基)–氨丙基甲基二甲氧基硅烷改性纳米结晶纤维素的加入,酚醛树脂复合材料位于 22.1°的特征衍射峰的强度出现明显提高,同时位于 32.9°的衍射峰也因此而被显著地增强;由于经过 3 –甲基丙烯酰氧基丙基三甲氧基硅烷改性的纳米结晶纤维素颗粒表面疏水性基团的接枝率较低,所以其在酚醛树脂基材中会出现轻微的团聚现象,该纳米颗粒对酚醛树脂复合材料的 X–射线衍射谱图影响较小,位于22.1°的特征衍射峰出现了一定程度的增强,但是位于 32.9°的衍射峰强度却相对较稳定(见图7-7(b))。表面改性纳米结晶纤维素颗粒对酚醛树脂复合材料结晶结构的影响会随着其用量的提高而逐渐增大,当酚醛树脂复合材料中改性纳米结晶纤维素的用量为 2.0%时,其结晶度增加的绝对量达到12%以上,如表7-3

所示。

表 7-3　纳米结晶纤维素/酚醛树脂复合材料的结晶度　　　　（％）

样品	改性纳米结晶纤维素用量				
	0	0.5	1.0	1.5	2.0
3 –（2 – 氨乙基）– 氨丙基甲基二甲氧基硅烷改性纳米结晶纤维素	26.8	28.2	29.6	30.8	30.5
3 – 甲基丙烯酰氧基丙基三甲氧基硅烷改性纳米结晶纤维素	26.8	27.5	28.8	30.3	30.1

7.3.3　纳米结晶纤维素/酚醛树脂复合材料性能的测定

7.3.3.1　纳米结晶纤维素/酚醛树脂复合材料的抗张强度

由扫描电镜分析可知,经过 3 –（2 – 氨乙基）– 氨丙基甲基二甲氧基硅烷改性的纳米结晶纤维素颗粒在酚醛树脂基材中的分散相对均匀,无明显团聚现象,可以形成稳定的交联网络结构,而 3 – 甲基丙烯酰氧基丙基三甲氧基硅烷改性纳米结晶纤维素颗粒较差的分散性会影响网络结构的生成。

酚醛树脂复合材料的抗张强度会随着其内部交联网络结构的生成而得到显著提高,3 –（2 – 氨乙基）– 氨丙基甲基二甲氧基硅烷和 3 – 甲基丙烯酰氧基丙基三甲氧基硅烷改性纳米结晶纤维素颗粒对酚醛树脂的强化效果如图 7-8 所示。未添加改性纳米结晶纤维素颗粒的原始酚醛树脂的抗张强度为 6.25 MPa,当 3 –（2 – 氨乙基）– 氨丙基甲基二甲氧基硅烷改性纳米结晶纤维素的用量为 1.5% 时,酚醛树脂的抗张强度增加了 155.5%（从对照组的 6.25 MPa 增加到 15.97 MPa）;3 – 甲基丙烯酰氧基丙基三甲氧基硅烷改性纳米结晶纤维素的改善效果稍差,将质量分数为 1.5% 的 3 – 甲基丙烯酰氧基丙基三甲氧基硅烷改性纳米结晶纤维素颗粒添加到酚醛树脂基材中会导致该复合材料的抗张强度从 6.25 MPa 增加到 13.26 MPa,提高幅度为 112.2%。当 3 –（2 – 氨乙基）– 氨丙基甲基二甲氧基硅烷和 3 – 甲基丙烯酰氧基丙基三甲氧基硅烷改性纳米结晶纤维素颗粒的用量为 2.0% 时,颗粒的团聚导致其对酚醛树脂抗张强度的贡献下降明显,相比对照组,含有 2.0% 经过 3 –（2 – 氨乙基）– 氨丙基甲基二甲氧基硅烷改性处理的纳米结晶纤维素颗粒使酚醛树脂复合材料的抗张强度提高了101.2%,而用量为2.0%的3-甲基丙烯酰氧基丙基三甲氧基硅烷改性纳米结晶纤维素颗粒导致复合材料的抗张强度增加80.3%。

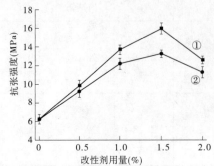

①3-(2-氨乙基)-氨丙基甲基二甲氧基硅烷改性纳米结晶纤维素;
②3-甲基丙烯酰氧基丙基三甲氧基硅烷改性纳米结晶纤维素

图7-8 纳米结晶纤维素/酚醛树脂复合材料的抗张强度

7.3.3.2 纳米结晶纤维素/酚醛树脂复合材料的抗弯强度

向酚醛树脂基材中加入纤维状增强材料可以显著增加其抗弯强度(赵世海 等,2010)。利用纤维类填料制备酚醛树脂复合材料可以显著改善酚醛树脂基材的强度性能。橡胶类填料也可以作为酚醛树脂的增强剂,如 Cardona et al(2012)发现,利用苯酚、腰果酚和丁腈橡胶等的混合物可显著改善酚醛树脂的力学性能。另外,利用纳米材料制备酚醛树脂复合材料也成为增强酚醛树脂基材的有效途径。

纳米结晶纤维素作为一种高强度的纤维材料,经过3-(2-氨乙基)-氨丙基甲基二甲氧基硅烷和3-甲基丙烯酰氧基丙基三甲氧基硅烷改性后用于制备纳米结晶纤维素/酚醛树脂复合材料可使酚醛树脂基材的抗弯强度得到明显提高,纳米结晶纤维素用量与复合材料抗弯强度之间的关系如图7-9所示。

未添加改性纳米结晶纤维素颗粒时,原始酚醛树脂基材的抗弯强度是85.8 MPa;当经过3-(2-氨乙基)-氨丙基甲基二甲氧基硅烷改性处理的纳米结晶纤维素颗粒的用量为1.5%时,酚醛树脂复合材料的抗弯强度提高幅度为23.8%,达到了106.2 MPa(见图7-9①);随着3-(2-氨乙基)-氨丙基甲基二甲氧基硅烷改性纳米结晶纤维素颗粒用量的增加,复合材料抗弯强度的提高速度逐渐减慢,当改性纳米结晶纤维素的用量为2.0%时,酚醛树脂复合材料的抗弯强度开始出现下降。如图7-9②所示,3-甲基丙烯酰氧基丙基三甲氧基硅烷改性纳米结晶纤维素颗粒在酚醛树脂基材中较差的分散状态导

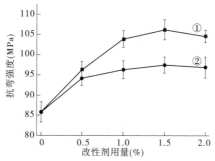

①3-(2-氨乙基)-氨丙基甲基二甲氧基硅烷改性纳米结晶纤维素；
②3-甲基丙烯酰氧基丙基三甲氧基硅烷改性纳米结晶纤维素

图 7-9 纳米结晶纤维素/酚醛树脂复合材料的抗弯强度

致其对复合材料抗弯强度的改善效果有限。当酚醛树脂复合材料中含有0.5%的3-甲基丙烯酰氧基丙基三甲氧基硅烷改性纳米结晶纤维素颗粒时，其抗弯强度从85.8 MPa增加到94.2 MPa，增长幅度为9.8%；而当3-甲基丙烯酰氧基丙基三甲氧基硅烷改性纳米结晶纤维素颗粒的用量大于1.0%时，复合材料的抗弯强度基本保持稳定。

7.3.3.3 纳米结晶纤维素/酚醛树脂复合材料的冲击强度

纤维材料独特的外观及性能对酚醛树脂基材的冲击强度改善作用明显（才红 等，2004）。表面改性纳米结晶纤维素颗粒的用量与酚醛树脂复合材料冲击强度之间的关系如图7-10所示。未添加改性纳米结晶纤维素时，原始酚醛树脂的冲击强度为4.82 kJ/m²；当3-（2-氨乙基）-氨丙基甲基二甲氧基硅烷改性纳米结晶纤维素颗粒的用量为1.5%时，酚醛树脂复合材料的冲击强度从对照组的4.82 kJ/m²增加到了8.19 kJ/m²，提高幅度达到69.9%（见图7-10①）；如图7-10②所示，3-甲基丙烯酰氧基丙基三甲氧基硅烷改性纳米结晶纤维素颗粒对酚醛树脂复合材料冲击强度的改善效果相对较差，质量分数为1.5%的3-甲基丙烯酰氧基丙基三甲氧基硅烷改性纳米结晶纤维素可以导致复合材料的冲击强度提高62.0%（从4.82 kJ/m²增加到7.81 kJ/m²）。经过表面改性处理的纳米结晶纤维素颗粒在酚醛树脂基材中的分散状态受到用量的影响，2.0%的纳米结晶纤维素在酚醛树脂基材中开始出现团聚，这种现象导致其对酚醛树脂复合材料冲击强度的改善作用下降。

7.3.4 纳米结晶纤维素对酚醛树脂的增强和增韧机制

综合上述试验结果分析可知，由复合材料中纳米结晶纤维素的不同质量

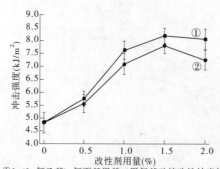

①3-(2-氨乙基)-氨丙基甲基二甲氧基硅烷改性纳米结晶纤维素；
②3-甲基丙烯酰氧基丙基三甲氧基硅烷改性纳米结晶纤维素

图7-10　纳米结晶纤维素/酚醛树脂复合材料的冲击强度

分数所导致的其在酚醛树脂基材中的不同分散状态可以产生不同的改善效果。当纳米结晶纤维素颗粒的质量分数较低时,随着质量分数的增大,该纳米颗粒对酚醛树脂基材的增强和增韧效果显著提高;但是当纳米结晶纤维素颗粒的质量分数过大时,则会由于纳米颗粒在酚醛树脂基材中发生团聚而使其增强和增韧效果出现下降(Masao et al,1986;詹茂盛 等,2003)。本研究选用的酚醛树脂基材为线型分子,其分子结构如图7-11所示。

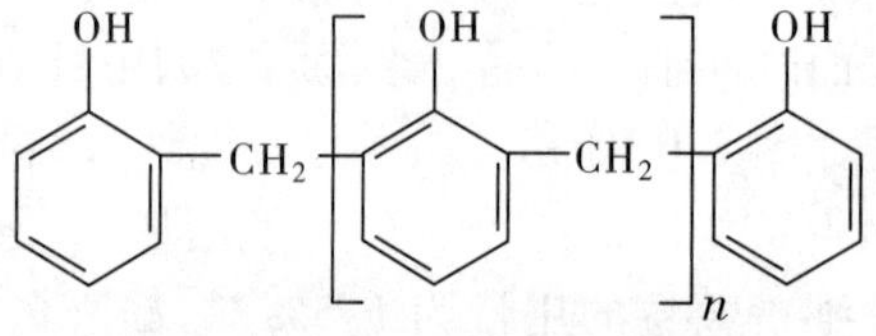

图7-11　酚醛树脂基材化学结构

　　纳米结晶纤维素/酚醛树脂复合材料的制备过程中,纳米结晶纤维素颗粒与酚醛树脂基材分子链之间可以形成两种不同的连接方式(Lan et al,1995)。其中比较常见的一种是线型的酚醛树脂分子链以物理吸附的形式直接缠绕在纳米结晶纤维素颗粒表面形成复合材料,如图7-12所示。

　　另外一种连接方式是化学连接。由于线型的酚醛树脂分子链的结构中含有大量羟基,可以与纳米结晶纤维素颗粒表面的醇羟基反应,通过生成稳定的共价键或者氢键而使纳米结晶纤维素颗粒成为酚醛树脂基材中的物理结合点(见图7-13)。

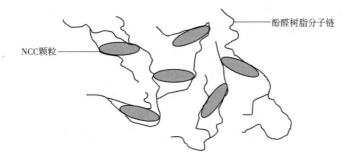

图 7-12　酚醛树脂分子链与纳米结晶纤维素颗粒的物理吸附示意图

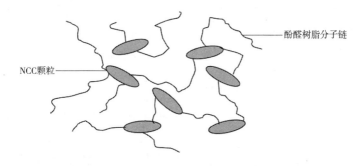

图 7-13　酚醛树脂分子链与纳米结晶纤维素颗粒的化学键连接示意图

酚醛树脂分子链与纳米结晶纤维素颗粒间通过醇羟基形成共价键和氢键的反应机制如图 7-14 所示。

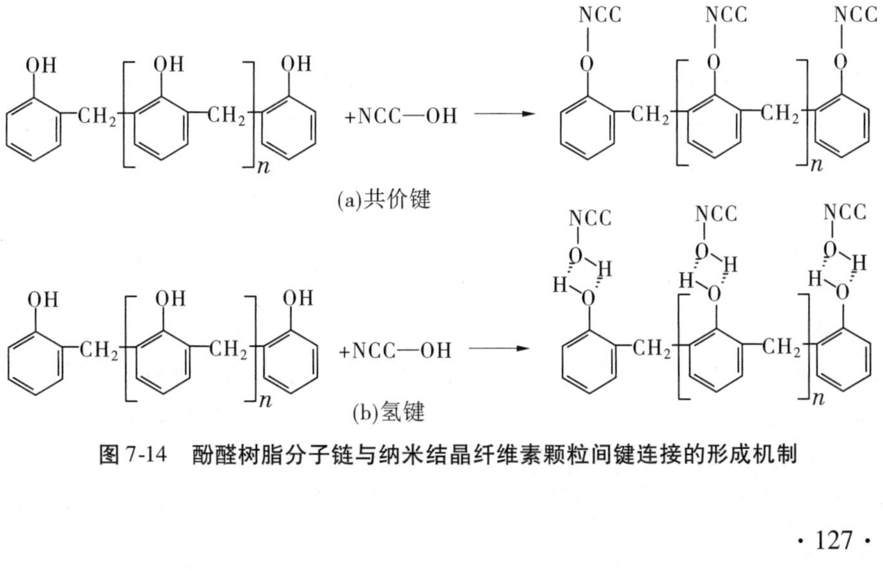

(a)共价键

(b)氢键

图 7-14　酚醛树脂分子链与纳米结晶纤维素颗粒间键连接的形成机制

上述两种方式的连接是利用纳米结晶纤维素颗粒增强和增韧酚醛树脂基材的基础。酚醛树脂分子链与纳米结晶纤维素颗粒之间通过物理缠绕可以显著增加两相之间的接触面积,而通过形成纳米结晶纤维素颗粒与酚醛树脂分子链之间的共价键和氢键导致的化学连接可将多条酚醛树脂分子链固定并起到物理结合点的作用,在受到外力作用时,上述物理结合点可以受到破坏从而吸收能量,使酚醛树脂基材的抗张强度、抗弯强度以及冲击强度得到明显改善(詹茂盛 等,2003)。纳米结晶纤维素颗粒与酚醛树脂分子链的接触面积越大,二者之间形成的物理结合点越多,对基材的增强和增韧效果就越好;当纳米结晶纤维素颗粒质量分数过高时,其在酚醛树脂基材中会出现团聚并显著降低纳米颗粒与酚醛树脂分子链间的有效结合,因而导致对酚醛树脂基材力学性能等的改善效果下降(Shi et al,1996;Lan et al,1994)。

7.4 本章小结

本章以3−(2−氨乙基)−氨丙基甲基二甲氧基硅烷和3−甲基丙烯酰氧基丙基三甲氧基硅烷作为表面改性剂来改善纳米结晶纤维素颗粒在酚醛树脂基材中的分散性,并将经过表面改性处理的纳米结晶纤维素颗粒添加到酚醛树脂胶黏剂中制备成复合材料以改善原始酚醛树脂基材的抗张强度、抗弯强度和冲击强度。通过研究得到如下结论:

(1)分别来自3−(2−氨乙基)−氨丙基甲基二甲氧基硅烷和3−甲基丙烯酰氧基丙基三甲氧基硅烷的氨基和烷基对改性纳米结晶纤维素的性能有不同的影响。经过3−(2−氨乙基)−氨丙基甲基二甲氧基硅烷的改性处理后纳米结晶纤维素颗粒表面的氨基接枝率达到22.1%,略高于3−甲基丙烯酰氧基丙基三甲氧基硅烷改性纳米结晶纤维素导致的20.4%的接枝率。较高的疏水性基团接枝率也会导致纳米结晶纤维素颗粒与酚醛树脂间接触角的下降,8%的3−(2−氨乙基)−氨丙基甲基二甲氧基硅烷改性处理可使纳米结晶纤维素颗粒与酚醛树脂间的接触角下降23.4%,而3−甲基丙烯酰氧基丙基三甲氧基硅烷改性导致的接触角下降仅为19.2%。

(2)3−(2−氨乙基)−氨丙基甲基二甲氧基硅烷在纳米结晶纤维素表面的接枝率较高,经其改性后的纳米结晶纤维素颗粒在酚醛树脂基材中的分散状态均匀;3−甲基丙烯酰氧基丙基三甲氧基硅烷结构中的烷基接枝率较低,导致纳米结晶纤维素浓度增大时会出现轻微的团聚。另外,3−(2−氨乙基)−氨丙基甲基二甲氧基硅烷改性纳米结晶纤维素颗粒对酚醛树脂基材的结晶结构影响相对明显,位于 22.1° 和 32.9° 的衍射峰强度随着纳米结晶纤维素的添加而显著增强;但是 3 - 甲基丙烯酰氧基丙基三甲氧基硅烷改性纳米结晶纤维素/酚醛树脂复合材料的 X - 射线衍射峰强度的增加幅度相对较小。

(3)均匀分散的纳米结晶纤维素颗粒可在酚醛树脂分子链间产生稳定的共价键或者氢键等物理和化学连接,进而利用纳米结晶纤维素颗粒的高强度等特点对酚醛树脂基材的力学性能进行改善。用量为 1.5% 的 3 -(2 - 氨乙基) - 氨丙基甲基二甲氧基硅烷改性纳米结晶纤维素颗粒可使酚醛树脂的抗张强度提高 155.5% ,而分散性较差的 3 - 甲基丙烯酰氧基丙基三甲氧基硅烷改性纳米结晶纤维素颗粒导致的抗张强度增加率仅为 112.2% 。当酚醛树脂基材的抗弯强度受到 1.5% 的 3 -(2 - 氨乙基) - 氨丙基甲基二甲氧基硅烷改性纳米结晶纤维素颗粒的影响时可以提高 23.8% ;含有 0.5% 的 3 - 甲基丙烯酰氧基丙基三甲氧基硅烷改性纳米结晶纤维素颗粒的复合材料抗弯强度增加幅度为 9.8% ,之后抗弯强度基本趋于稳定。含有质量分数 1.5% 的 3 -(2 - 氨乙基) - 氨丙基甲基二甲氧基硅烷改性纳米结晶纤维素颗粒的酚醛树脂复合材料的冲击强度从 4.82 kJ/m² 增加到了 8.19 kJ/m² ,增幅为 69.9% ;而同样用量的 3 - 甲基丙烯酰氧基丙基三甲氧基硅烷改性纳米结晶纤维素颗粒导致冲击强度提高了 62.0% 。当 3 -(2 - 氨乙基) - 氨丙基甲基二甲氧基硅烷和 3 - 甲基丙烯酰氧基丙基三甲氧基硅烷改性纳米结晶纤维素颗粒在酚醛树脂基材中出现团聚时,其与酚醛树脂分子链间的有效物理或者化学连接被明显减弱,从而导致改性纳米结晶纤维素对酚醛树脂基材力学性能的改善作用下降。

第8章　纳米结晶纤维素改性多孔陶瓷的性能和机制研究

8.1　多孔陶瓷的研究现状

近年来,多孔陶瓷的研究和应用受到了国内外科研人员的高度重视。多孔陶瓷作为一种含有大量孔隙结构的无机非金属材料,与常规无机材料相比,具有高比表面积、低导热率、低密度等优点,可用作熔融金属和热气体的高温过滤器及化学反应的催化剂载体等。

多孔陶瓷的孔径大小和气孔率等指标可以直接影响多孔陶瓷的力学性能,控制孔径大小以及气孔率等的途径很多,如采用不同的成型方法。造孔剂法作为制备多孔陶瓷的常规方法,具有成本低廉、操作简便等优势,还可以通过制备形貌可控的孔隙结构来改善多孔陶瓷基材的抗弯强度,从而扩大多孔陶瓷的应用领域。通过向陶瓷基体中加入煤粉、木炭粉、石墨等可燃尽物质并经过高温煅烧将其彻底除去,可以制备出平均孔径在 10 μm~1 mm 范围内的多孔陶瓷材料。近年来新型造孔剂发展迅速,Yu et al(2010)以植物种子为造孔剂制备 Al_2O_3-ZrO_2基多孔陶瓷,其气孔尺寸平均为 1.1 mm。孔隙率可达66.2%。Wang et al(2008)利用 AOM 和 PMMA 作为造孔剂,制备出的多孔陶瓷孔径在 150~250 μm 范围内。Lyckfeldt et al(1998)和 Konegger et al(2015)将淀粉作为造孔剂制备获得的 Al_2O_3基多孔陶瓷气孔孔径为 10~80 μm,孔隙率最高可达 70%。但是,由于用来制备多孔陶瓷的造孔剂颗粒尺寸普遍较大,导致多孔陶瓷材料出现孔隙结构分布不均匀以及力学强度下降等现象,这是限制造孔剂法在多孔陶瓷制备领域继续深化应用的主要瓶颈之一。

近年来,新型的多孔陶瓷用造孔剂发展迅速。Chen et al(2007)以叔丁醇作为溶剂和造孔剂,制备获得强度超过 10 MPa 的多孔陶瓷材料。Fukasawa et al(2001)以冰作为造孔剂,利用烧结过程中冰的升华获得孔隙,制备出了机械性能较好的多孔陶瓷。丁树强 等(2006)则将高温条件下由氧化铝与碳化硅合成的莫来石结合剂与造孔剂配合使用,提高了碳化硅多孔陶瓷的机械强度。张劲松 等(2008)以碳粉为造孔剂制备出多孔羟基磷灰石陶瓷材料,其抗弯强度可接近人体骨骼。但是,用于制备多孔陶瓷的造孔剂颗粒尺寸普遍较大,制备获得的多孔陶瓷平均孔径多在 10 μm ~ 1 mm 范围内,不但存在开孔率低、孔隙分布不均匀等缺点,同时尺寸过大的孔隙结构也会导致陶瓷基体的机械强度明显下降(郭兴忠 等,2013)。

纳米结晶纤维素(NCC)作为一种新兴的纳米级天然高分子材料,具有尺寸小、结晶度高等特点,将其用作造孔剂可以显著改善多孔陶瓷的孔隙分布状态和力学性能。但是由于 NCC 比表面积较大,其表面羟基间形成的氢键会导致严重的 NCC 颗粒团聚,从而影响 NCC 颗粒在陶瓷基体中的分散。本研究利用 MPS 对 NCC 进行表面改性,提高了 NCC 在陶瓷基体中的分散效果,并对利用改性 NCC 制备所得的多孔陶瓷进行了孔隙结构和抗压强度的研究。

8.2 多孔陶瓷的制备和表征

8.2.1 材料和试剂

高岭土购自江西景德镇,主要成分是 Al_2O_3 和 SiO_2。MCC 为分析纯,购自天津市光复精细化工研究所,粒径为 80 ~ 100 μm,长度为 200 ~ 300 μm,平均聚合度为 176,结晶度为 53.2%。落叶松浆粕购自俄罗斯,纤维直径为 100 ~ 120 μm,长度为 1 ~ 2 cm,平均聚合度为 1 065,结晶度为 42.5%。本章使用的化学试剂见表 8-1。

表 8-1　化学试剂

试剂名称	分子式	生产厂家
3-氨丙基三乙氧基硅烷(APTES)	$NH_2(CH_2)_3SiOC_2H_5$	北京申达精细化工有限公司
3-(2,3-环氧丙氧)丙基三甲氧基硅烷(GPTMS)	$C_6H_{11}O_2Si(OCH_3)_3$	北京申达精细化工有限公司
无水乙醇(Ethanol)	C_2H_5OH	北京化工厂
硫酸(Sulfuric acid)	H_2SO_4	北京化工厂
盐酸(Hydrochloric acid)	HCl	北京化工厂

试验中所用原料都没有经过任何提纯处理,改性用硅烷为化学纯,其余所有试剂均为分析纯,所用水均为去离子水。

8.2.2 仪器和设备

本章使用的仪器规格及来源见表8-2。

表8-2 仪器规格及来源

仪器名称	型号	生产厂家
电子天平	FA1004N	上海精密科学仪器有限公司
电热磁力搅拌器	RCT 基本型	广州仪科实验室技术有限公司(IKA 中国分公司)
全自动新型鼓风干燥箱	ZRD-7230	上海智城分析仪器制造有限公司
标准疏解器	PL28-00	咸阳泰思特试验设备有限公司
X-射线衍射仪	XRD-6000	日本岛津公司(Shimadizu)
冷冻干燥机	FD-1D-50	北京博医康实验仪器有限公司
超声波细胞破碎仪	JY98-IIIN	宁波新芝实验仪器有限公司
热重-差热分析仪	DTG-60	日本岛津公司(Shimadizu)
扫描电子显微镜	S-3000N	日本日立公司(Hitachi)
透射电镜	HT7700	日本日立公司(Hitachi)
万能材料试验机	5982	美国 Instron 公司
马弗炉	SX2-10-13	上海雷韵试验仪器制造有限公司

8.2.3 纳米结晶纤维素及多孔陶瓷的制备

8.2.3.1 纳米结晶纤维素颗粒的制备

将微晶纤维素与质量分数为25%的硫酸水溶液按照质量比1:6进行混合,并在60 ℃条件下进行2 h恒温水浴处理,经过减压抽滤后将水解产物用蒸馏水洗涤至中性,并在45 ℃的烘箱中烘干24 h,制备获得酸水解微晶纤维素;用蒸馏水将酸水解微晶纤维素配制成质量分数为1.0%的悬浮液,然后利用超声波细胞破碎仪在800 W 的功率下对悬浮液进行300 s 的超声处理,最后经过-50 ℃冷冻干燥48 h获得纳米结晶纤维素颗粒。

8.2.3.2 纳米结晶纤维素颗粒的改性

以3-甲基丙烯酰氧基丙基三甲氧基硅烷(MPS)作为纳米结晶纤维素颗粒的表面改性剂,利用乙醇作为溶剂配制成 MPS-乙醇溶液。通过滴加盐酸将 MPS-乙醇溶液的 pH 值调整到3~4对 MPS 进行水解,水解反应彻底的标志为溶液变澄清透明。每改性处理 1.0 g 的纳米结晶纤维素需要 100 g 水解后的 MPS-乙醇溶液，改性条件为 60 ℃水浴，改性时间为 3 h。

8.2.3.3　浆粕的疏解

每 100 g 浆粕需浸泡于 200 mL 蒸馏水中，经均匀混合后进行疏解处理，疏解条件为 3 000 r/min，疏解时间为 5 min。将经过疏解处理的浆粕样品放置于烘箱中在 105 ℃下烘干 48 h 至恒重，获得浆粕纤维。

8.2.3.4　多孔陶瓷的制备

首先将经过表面改性的纳米结晶纤维素颗粒按照 5.0%、10.0%、15.0%、20.0% 的用量与高岭土基材进行混合，然后对上述混合物进行转速为 60 r/min 的机械搅拌处理，处理时间为 10 min，混合均匀后即获得陶瓷胚体。胚体烧结升温曲线为：升温速率为 5 ℃/min，最高烧结温度为 1 250 ℃，烧结气氛为空气，升温结束后需在最高温度下保温 150 min。

8.2.3.5　多孔陶瓷的性能检测

多孔陶瓷样品的孔径分布采用压汞法测定；显气孔率按照《多孔陶瓷性能试验方法》(GB/T 1966—1996) 所述的煮沸法进行测定，所选取的多孔陶瓷样品为边长 10 cm 的立方体块；按照《多孔陶瓷压缩强度试验方法》(GB/T 1964—1996) 测定多孔陶瓷的抗压强度，试样规格为直径 20 mm、高 20 mm 的圆柱体，压力施加速度为 20 kg/cm^2。

以扫描电镜测定多孔陶瓷待测样品断裂面处的微观结构；利用压汞法测定多孔陶瓷样品中的开孔孔径分布；按《多孔陶瓷弯曲强度试验方法》(GB/T 1965—1996) 所述的三点弯曲法测定多孔陶瓷样品的断裂挠度和三点抗弯强度，待测样品尺寸为 3 mm×4 mm×35 mm，跨距为 30 mm，负荷加载速度为 0.5 mm/min，其中三点抗弯强度计算公式如下：

$$R = \frac{3FL}{2bh^2} \tag{8-1}$$

式中：R 为抗弯强度，MPa；F 为试样破坏载荷，N；L 为跨距，mm；b 为试样宽度，mm；h 为试样厚度，mm。

8.2.4　改性纳米结晶纤维素结构性能的表征

以微晶纤维素为原料，经过低浓度的强酸水解以及超声波的撕裂和剪切作用后可将其尺寸降至纳米范围内获得纳米结晶纤维素，但是纤维素的天然结晶结构并未受到明显破坏，基本的葡萄糖结构单元得到完整保留。

8.2.4.1 透射电镜分析

如图 8-1 所示,以微晶纤维素为原料制备所得纳米结晶纤维素颗粒具有规整的棒状结构,分散性良好,长度为 100~200 nm,直径为 20~50 nm。

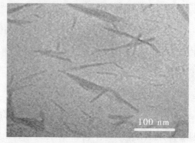

图 8-1　NCC 颗粒的透射电镜分析

8.2.4.2 X-射线衍射分析

纤维素的大分子结构是由相互交错排列的结晶区和非结晶区构成的。结晶结构中含有分子排列整齐、取向规则的结晶区;非结晶区内分子取向大致相同,但是排列较松散,没有固定的结构特点。酸水解过程可除去晶体结构中的非结晶区,从而提高纳米结晶纤维素结构中结晶区的比例。由图 8-2 可知,微晶纤维素与纳米结晶纤维素的特征衍射峰 2θ 均位于 16.2° 和 22.5°,分别表征天然纤维素 I 结构中的(101)晶面和(002)晶面,表明对微晶纤维素进行酸水解和超声波处理主要作用于纤维素结构的非结晶区,而对结晶结构的作用不明显。由于微晶纤维素结构中的非结晶区被除去,导致纳米结晶纤维素的结晶结构衍射强度增加,如图 8-2②可知,纳米结晶纤维素在(101)晶面和(002)晶面处均显示出尖锐的衍射峰。经过酸水解和超声波处理后,纳米结晶纤维素的结晶度为 59.5%,与图 8-2①所示的 MCC 相比,纳米结晶纤维素的结晶度提高的比例达到 11.8%。

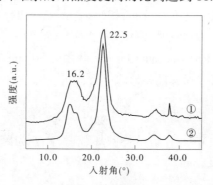

①MCC;②NCC

图 8-2　结晶结构 X-射线衍射分析

8.2.4.3 改性纳米结晶纤维素的接枝率分析

纳米结晶纤维素颗粒的表面结构是影响其在高岭土基材中分散性的主要因素。经 MPS 的改性处理后,纳米结晶纤维素的表面羟基会被疏水性基团部分接枝取代,进而会改善其分散性。以不同含量的 MPS 为改性剂处理的纳米结晶纤维素颗粒表面疏水性基团的接枝率如图 8-3 所示。

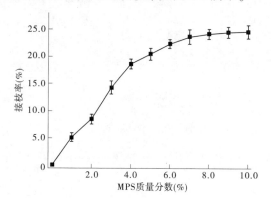

图 8-3 经不同质量分数 MPS 改性的纳米结晶纤维素颗粒表面疏水性基团接枝率

由图 8-3 可知,当 MPS 浓度较低时,改性纳米结晶纤维素颗粒的表面疏水性基团接枝率增加较快,质量分数为 4.0% 的 MPS 可导致纳米结晶纤维素表面疏水性基团接枝率达 18.7%。随着 MPS 质量分数的增加,疏水性基团的空间位阻会导致接枝率的增速降低,当 MPS 的用量为 7.0% 时,表面改性纳米结晶纤维素可以达到 23.7% 的疏水性基团接枝率。但是,随着 MPS 用量的继续增加,改性纳米结晶纤维素的表面结构趋于稳定。

8.3 改性纳米结晶纤维素及多孔陶瓷的表征

8.3.1 多孔陶瓷的微观结构

8.3.1.1 多孔陶瓷的形貌分析

利用 APTES 进行改性,使得微晶纤维素和浆粕纤维的表面羟基被氨基取代,在降低造孔剂表面能的同时,也改善了其在高岭土基材中的分散状态,可制备出孔隙结构均匀的多孔陶瓷。图 8-4 利用扫描电镜显示了以不同种类和用量的造孔剂制备所得多孔陶瓷样品的断面形貌。

由图 8-4(a)和(b)可知,不含造孔剂的对照组陶瓷样品中孔隙结构的含量低且均匀性较差,明显区别于以改性微晶纤维素和改性浆粕纤维为造孔剂制备的多孔陶瓷。如图 8-4(c)和(d)所示,由于改性微晶纤维素颗粒具有较小的长径比,可在高岭土基材中均匀分散,经过高温烧结后可以制备获得尺寸

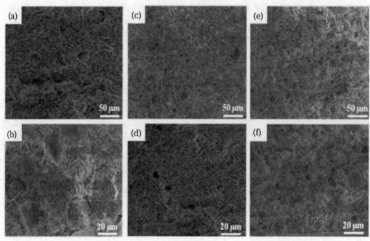

(a)、(b) 对照组；(c)、(d) 改性 MCC；(e)、(f) 改性浆粕纤维

图 8-4　利用不同造孔剂制备所得多孔陶瓷的扫描电镜分析

均一且排列松散的孔隙结构。与改性微晶纤维素相比，改性浆粕纤维长径比的明显增加能够显著影响其在高岭土基材中的分散状态，图 8-4(e) 和(f) 表明以改性浆粕纤维为造孔剂制备的多孔陶瓷孔隙结构的方向性和均匀性均较差。

8.3.1.2　多孔陶瓷的孔径分布

未添加造孔剂的陶瓷样品中含有少量的孔隙结构，其孔径主要分布在 1～5 μm，另有少量位于 0.7～0.9 μm(见图 8-5①)。利用造孔剂制备的多孔陶瓷孔径分布则会受到造孔剂颗粒外形特征及分散状态的影响，以 APTES 改性纳米结晶纤维素为造孔剂制备所得的多孔陶瓷具有孔径小、孔径分布范围窄等特点，从图 8-5②中可知，当改性纳米结晶纤维素的用量为 5.0% 时，多孔陶瓷的孔径主要分布在 0.5～1 μm。当造孔剂的用量增加至 10.0% 时，陶瓷样品内部的孔隙结构基本保持稳定，孔径略有增加(见图 8-5③)。随着表面改性纳米结晶纤维素颗粒含量的继续提高，其在高岭土基材中的分散能力下降，可使多孔陶瓷的孔径显著增大。由图 8-5④和⑤可知，利用含量为 15.0% 的改性纳米结晶纤维素可以制备获得孔径为 0.7～5 μm 的多孔陶瓷，而 20.0% 的纳米结晶纤维素颗粒则可以制备出孔径主要分布在 1～7 μm 的孔隙结构。

改性浆粕纤维较大的长径比使得以其为造孔剂制备的多孔陶瓷具有孔径尺寸大且孔径分布范围宽的特点(见图 8-6)。与不含有造孔剂的对照组陶瓷样品相比，将含量为 5.0% 的改性浆粕纤维与高岭土基材混合后烧制而成的多

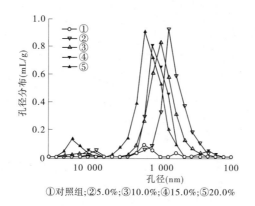

①对照组;②5.0%;③10.0%;④15.0%;⑤20.0%

图8-5　以不同含量改性纳米结晶纤维素为造孔剂的多孔陶瓷孔径分布

孔陶瓷孔隙结构更加发达,其孔径主要分布在 0.7~6 μm(见图 8-6①、②)。改性浆粕纤维用量的增加会导致陶瓷样品的孔径向大尺寸方向移动,根据图 8-6③可知,利用 10.0% 的浆粕纤维制备获得的多孔陶瓷孔径主要在 1~8 μm 的范围内。当浆粕纤维的用量提高至 15.0% 时,多孔陶瓷的孔径会增大至 2~10 μm,但是随着浆粕纤维用量的进一步增加所导致的多孔陶瓷孔隙结构尺寸增大则不明显(见图 8-6④和⑤)。

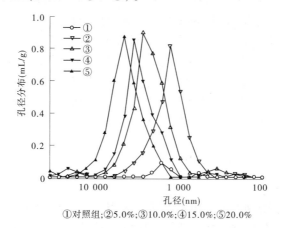

①对照组;②5.0%;③10.0%;④15.0%;⑤20.0%

图8-6　以不同含量改性浆粕纤维为造孔剂的多孔陶瓷孔径分布

8.3.1.3　多孔陶瓷的显气孔率

多孔陶瓷烧制过程中的高温会导致造孔剂颗粒燃烧并在陶瓷结构中形成大量气孔,图 8-7 为利用不同含量造孔剂制备所得多孔陶瓷的显气孔率。

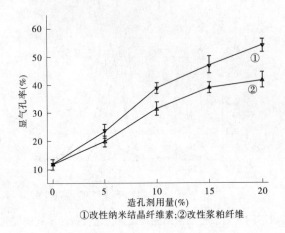

①改性纳米结晶纤维素;②改性浆粕纤维

图 8-7　含有不同用量造孔剂的多孔陶瓷显气孔率分析

　　不添加造孔剂的陶瓷样品中气孔结构较少,显气孔率仅为 11.7%。利用 5.0%的改性纳米结晶纤维素制备的多孔陶瓷显气孔率可达 23.5%;随着改性纳米结晶纤维素用量的增加,多孔陶瓷的显气孔比例会迅速提高,当纳米结晶纤维素颗粒的用量达到 10.0%时,多孔陶瓷的显气孔率可达到 38.9%;由于过高的孔隙结构会引发多孔陶瓷的结构塌缩,因此造孔剂含量进一步增加所引起的陶瓷样品显气孔率的提高速率会逐渐下降,将 20.0%的改性纳米结晶纤维素与高岭土基材混合后仅可获得比例为 54.1%的显气孔率(见图 8-7①)。APTES 改性浆粕纤维较差的分散能力导致以其为造孔剂制备的多孔陶瓷显气孔率相对较低,由图 8-7②可知,含量为 5.0%的改性浆粕纤维可制备出比例为 19.8%的显气孔结构,当改性浆粕纤维含量增加至 20.0%时多孔陶瓷的显气孔率只达到 41.9%。

8.3.2　多孔陶瓷的力学性能

8.3.2.1　断裂挠度

　　陶瓷材料在受到外力作用发生断裂时表现出的形变规律与其结构有关,未添加造孔剂的陶瓷样品中孔隙结构比例较低,其断裂挠度可达 2.3 mm。由图 8-8①可知,利用 5.0%的改性纳米结晶纤维素颗粒为造孔剂制备的多孔陶瓷样品断裂挠度为 1.9 mm,当改性纳米结晶纤维素的用量增加为 10.0%时,多孔陶瓷的断裂挠度可降至 1.7 mm,造孔剂含量的继续增加会加快多孔陶瓷断裂挠度的下降速度,利用 20.0%的改性纳米结晶纤维素制备所得多孔陶瓷的断裂挠度仅为 1.1 mm。图 8-8②则表示以不同用量改性浆粕纤维为造孔剂时多孔陶瓷材料断裂挠度的变化过程。以 5.0% 的改性浆粕纤维制备的多孔陶瓷断裂挠度为 1.8 mm；而当浆粕纤维的用量增加至 20.0% 时，多孔陶瓷内部孔隙结构的不均匀性导致陶瓷样品的断裂挠度迅速下降至 0.9 mm。

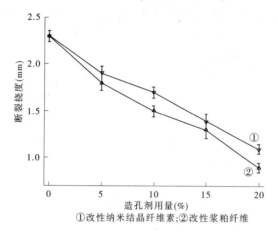

①改性纳米结晶纤维素；②改性浆粕纤维

图 8-8　以不同用量造孔剂制备所得多孔陶瓷的断裂挠度

8.3.2.2　多孔陶瓷的抗压强度

多孔陶瓷的孔隙结构是影响其力学性能的主要因素之一，分别以不同用量的 MPS 改性 NCC 和原始 NCC 为造孔剂制备的多孔陶瓷抗压强度如图 8-9 所示。

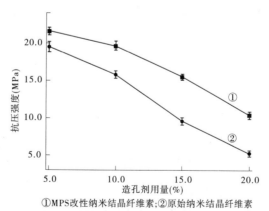

①MPS改性纳米结晶纤维素；②原始纳米结晶纤维素

图 8-9　以不同质量分数造孔剂制备的多孔陶瓷抗压强度

由图 8-9① 可知，当 MPS 改性 NCC 的用量为 5.0% 时，多孔陶瓷的抗压强度为 21.6 MPa。随着改性纳米结晶纤维素用量的增加，多孔陶瓷内部孔隙结构的分布和尺寸变化会导致其抗压强度明显下降,用量为 20.0% 的 MPS 改性纳米结晶纤维素颗粒可使多孔陶瓷的抗压强度降低至 10.4 MPa。以 MPS 改性纳米结晶纤维素为造孔剂制备出的多孔陶瓷具有均匀的孔隙结构,可避免多孔陶瓷内部出现明显缺陷,因此其抗压强度高于以原始纳米结晶纤维素为造孔剂制备所得的对照组多孔陶瓷样品(见图 8-9②)。

8.3.2.3　多孔陶瓷的抗弯强度

表面改性 MCC 用量的提高会使多孔陶瓷孔隙结构的孔径和显气孔率呈现上升趋势,陶瓷基体中孔隙结构比例的提高是导致其抗弯强度下降的主要原因。

由图 8-10 可知,以 5.0% 的纳米结晶纤维素作为造孔剂制备获得的多孔陶瓷抗弯强度为 21.5 MPa。当纳米结晶纤维素的用量增加至 10.0% 时,多孔陶瓷结构中孔隙含量的提高会导致其抗弯强度下降至 17.7 MPa。用量更高的纳米结晶纤维素制备获得的多孔陶瓷抗弯强度下降速度略有减慢,以 20.0% 的纳米结晶纤维素作为造孔剂制备的多孔陶瓷抗弯强度为 12.9 MPa,与含量为 15.0% 的纳米结晶纤维素制备所得多孔陶瓷试样相比,其下降幅度为 9.8%。

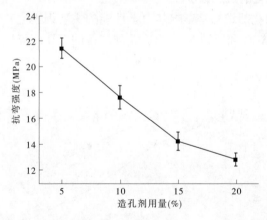

图 8-10　含有不同用量纳米结晶纤维素的多孔陶瓷抗弯强度

8.4　本章小结

(1)以经过 MPS 改性处理的纳米结晶纤维素颗粒为造孔剂,制备高岭土基多孔陶瓷。当改性纳米结晶纤维素颗粒的用量低于 10.0% 时,多孔陶瓷内部孔隙结构分散均匀,孔径基本稳定在 0.8~4 μm;纳米结晶纤维素颗粒用量增大会导致多孔陶瓷的平均孔径明显增加,利用含量为 20.0%的纳米结晶纤维素颗粒可以制备获得孔径主要分布在 1~7 μm 的多孔陶瓷。

(2)多孔陶瓷的显气孔率受造孔剂的用量影响显著。当造孔剂用量较低时,多孔陶瓷的显气孔率随造孔剂用量的增加而显著提高,而较高用量的造孔剂导致的孔隙结构塌缩等现象则使多孔陶瓷显气孔率的提高速率逐渐减慢,利用 20.0%的改性纳米结晶纤维素颗粒制备出的多孔陶瓷显气孔率为54.1%。

(3)多孔陶瓷的抗压强度与多孔陶瓷的孔隙结构有关。随着孔隙结构比例的提高,多孔陶瓷的抗压强度显著下降,但是以分散性能较好的 MPS 改性纳米结晶纤维素作为造孔剂时,多孔陶瓷的抗压强度下降速度明显慢于利用原始纳米结晶纤维素制备所得的多孔陶瓷。另外,孔隙结构的增加会导致多孔陶瓷力学性能显著下降,含有 5.0%改性纳米结晶纤维素的多孔陶瓷材料抗弯强度为 21.5 MPa,当纳米结晶纤维素的用量提高至 20.0%时,其抗弯强度下降幅度达到 40.2%。

第9章 纳米结晶纤维素改性水性聚氨酯油墨连接料的性能和机制研究

9.1 水性聚氨酯油墨连接料的研究现状

聚氨酯(PU)是一种常见的高分子材料,是聚氨基甲酸酯的简称,统称为在主链上含有重复氨基甲酸酯基团的大分子化学物。它是由含有两个或者两个以上—NCO 基团的多异氰酸酯与含有两个或者两个以上—OH 基团的多元醇加聚而成,其分子通式可以写成—[—O—CONH—]$_n$—。通常聚氨酯分子中的结构单元并非完全是氨基甲酸酯,而是指分子结构中含有相当数量的氨基甲酸酯键,—NHCOOR—基团是一种极性基团,不溶于含非极性基团的化合物,因此聚氨酯具有非常好的耐油性、耐老化性、抗酸碱性、抗有机溶剂和黏合性。水性聚氨酯(WPU)是指以水为溶剂或分散剂代替有机溶剂的聚氨酯。由于该聚氨酯的溶剂为水,因此在该聚氨酯体系中几乎不含有挥发性的有机化合物,具有无毒无污染、使用方便、阻燃、安全可靠、造价低等优点,目前已经逐渐取代溶剂型聚氨酯广泛应用在油墨、涂料、胶黏剂、皮革、服饰、印刷、建筑等领域。

水性聚氨酯的种类很多,划分方式也各有不同,严格来说,各种分类方式并没有本质的区别。一般根据它的外观形态分为水溶型、分散型和乳液型三类。一般外观乳白、粒径大于 100 nm 且分子量大于 5 000 的水性聚氨酯为乳液型水性聚氨酯;具有半透明外观且粒径在 1~100 nm、分子量从数千到 20 万不等的为分散型水性聚氨酯;粒径小于 1 nm、分子量在 1 000~10 000 且具有半透明泛蓝光特征的为水溶型水性聚氨酯。通过控制合成原料的化学计量比可以对水性聚氨酯进行分子结构设计,性能可调直接扩大了它的应用范围。通常制备水性聚氨酯所需的原料包括多异氰酸酯、低聚物多元醇、扩链(交联)剂、成盐剂、溶剂和水,图 9-1 所示为制备水性聚氨酯的基本组成原料。

水性聚氨酯的制备一般需要包含两个步骤:由过量的多异氰酸酯与低聚物二元醇反应生成相对分子质量较低的低聚物,然后加入亲水性扩链(交联)

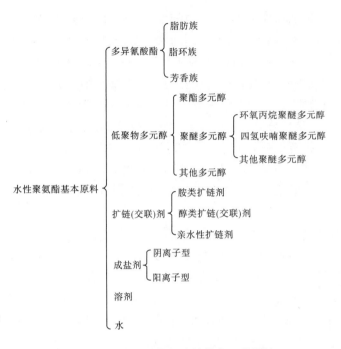

图 9-1　制备水性聚氨酯的基本组成原料

剂将低聚物扩链成相对分子质量较高的聚氨酯预聚体,最后在剪切力的作用下将聚氨酯预聚体在水中均匀分散后形成水性聚氨酯。水性聚氨酯的合成方法根据是否添加乳化剂分为外乳化法和内乳化法两种。外乳化法又称强制乳化法:通过缩聚反应合成分子链中不含亲水性基团的聚氨酯预聚体或者溶液,然后在外加乳化剂的情况下将其加入水溶液中,最后在强剪切力的作用下分散在水中制备出水性聚氨酯乳液或者分散液。该方法制备的成品稳定性很差,乳液粒径较大,由于过多地使用了乳化剂,乳液成膜后机械性能差,耐水性、柔韧性及黏结性都受到很大的负面影响,影响了其在工业上的应用。内乳化法又称自乳化法,是目前制备水性聚氨酯使用最多的方法。该法制备水性聚氨酯时引入了一些亲水性基团,这些亲水性基团的引入可以使得树脂具有自乳化功能,从而无须添加外加乳化剂即可制得水性聚氨酯。制备工艺有如下几种:①丙酮法。利用丙酮法制备水性聚氨酯的工艺最早是由德国 Bayer 公司开发出来的。该方法通过两个或者两个以上的多异氰酸酯(—NCO)与二元或者多元醇(—OH)反应,得到端异氰酸酯预聚物,对其进行扩链反应引入亲水性基团,加入适量的丙酮来调节体系的黏度,中和乳化即可得到水性聚氨酯。这种方法操作简单,溶剂丙酮可以蒸除,因此应用较广,但是这种方法在合成的过程中,消耗的大量溶剂回收不易,成本较高,效率较低。②预聚体混合法。该方法是先制备出含端异氰酸酯(—NCO)及亲水性基团的预聚体,然后中和乳化后,在高速剪切搅拌的情况下加水即可分散,得到离子型水性聚氨酯。这种方法生产过程中只需很少量的溶剂即可,工艺简单,利于工业化批量生产,但是在分散的过程需要在低温条件进行,黏度需要严格控制,水分散体系中的扩链是一大难点。③融分散法,又称熔体分散法。制备过程中,预先合成分子结构中含有离子基团的端异氰酸酯基聚氨酯预聚体,然后将预聚体加入尿素生成聚氨酯二脲低聚物并加入氯代酰胺进行季胺化,在低聚物中加入水形成均相溶液,再用甲醛溶液进行羟甲基化,最后用水稀释获得性能稳定的水性聚氨酯。该方法的优点是不需要有机溶液的参与、无污染、制备工艺简单易操作、可调性大等。④酮亚胺/酮联氮法。类似于预聚体混合法,不同之处在于扩链剂的不同,由于预聚体混合法采用的二元伯胺扩链剂在扩链反应过程中反应过快,因此该方法采用较温和的酮亚胺或酮联氮作为扩链剂扩链,从而能够有效地控制整个反应的反应速度。⑤保护端基法。该法指在乳化前利用合适的封闭剂将端异氰酸酯基(—NCO)封闭保护起来,使其失去反应活性,从而能够在水中乳化,然后在一定的温度下加入特种催化剂将其进行解蔽,同时加入扩链剂和交联剂等共乳化制备出水性聚氨酯。这种方法对制备工艺要求较高,与此同时,制备出的乳液稳定性较差。水性聚氨酯材料既具有良好的综合性能,又符合绿色材料的环保要求,因而它的应用范围涉及黏结剂、涂料、油墨、灌材等诸多领域,在建筑、皮革、纺织、家具、汽车、印刷等部门的应用越来越普遍。

水性聚氨酯虽然各项综合性能均很优异,但由于其大部分都是线性结构,这种结构决定了水性聚氨酯的性能无法与溶剂型聚氨酯材料相媲美,在机械强度、硬度、耐化学药品性、耐水性等方面的不足限制了水性聚氨酯材料发展。UV 固化技术的万能性和高效性的特点使其应用日益广泛,但活性稀释剂具有一定的生理毒性和挥发性。UV 固化水性聚氨酯(UV-WPU)结合了 UV 固化技术、水性技术及聚氨酯材料的优点,具有高效、环保、节能、经济及优异的物理化学性能,广泛应用于涂料、油墨、胶黏剂等领域。它能够克服水性聚氨酯综合性能的不足,同时以水代替活性稀释剂符合环保法规的要求。因而,近几年得到了迅速发展,已成为光固化体系研究与发展的主流。UV 固化水性聚氨酯是指在水性聚氨酯的链段结构中,通过扩链反应引入功能性的 UV 固化的基团,形成 UV 固化水性聚氨酯。因此,UV 固化水性聚氨酯分子结构最显著的特点是其分子内部具有 UV 固化基团。以羟基丙烯酸酯类引入 UV 活性基团是当前研究的主流。

随着人们环境意识的不断增强,不含有机溶剂的水性印刷油墨逐渐得到了深入的开发和应用,其涂层具有不燃、无毒、环保等优点,已经成为目前最具发展前景的油墨品种之一。连接料作为水性印刷油墨结构中的流动相和涂层干燥后的成膜物质,其性能直接决定着水性印刷油墨的使用效果。以水性聚氨酯为连接料制备的水性印刷油墨耐低温性能突出且具有良好的耐磨性和附着力,特别适合食品、药品等卫生指标要求严格的软包装印刷,但是由于水性聚氨酯在高温条件下的结构稳定性较差,其分子链发生降解可导致严重的热老化现象,从实用角度出发,改善水性聚氨酯油墨连接料的抗热老化性能具有重要的意义。通过调节水性聚氨酯基材的分子结构或者向水性聚氨酯基材中加入添加剂,均可改善其分子链在高温下的结构稳定性。Fang et al(2010)将聚乙二醇、丙烯酸羟乙酯等引入水性聚氨酯主链后,可以显著减轻高温所导致的分子链热降解。Zhang et al(2012)利用经过硅烷偶联剂改性的纳米二氧化硅和甲基丙烯酸羟乙酯封端的水性聚氨酯,可制备获得热稳定性突出的复合材料。Mirabedini et al(2011)利用质量分数为 0.5%~1.0% 的改性纳米二氧化钛作为添加剂,可以明显改善水性聚氨酯涂层经老化处理后的机械强度。Wang et al(2012)将 3-氨丙基三乙氧基硅烷封端的聚氨酯预聚体分散到石墨烯纳米片水溶液中,成膜后的复合涂层 10% 失重率的温度可提高 15 ℃。Zhang et al(2013)通过原位聚合法制备出的纳米四氧化三铁/水性聚氨酯复合材料的热稳定性相比水性聚氨酯基材有显著提高。目前,常用于改善水性聚氨酯结构稳定性的方法虽然可以减轻连接料基材在高温下的老化程度,但是其在使用过程中释放出的挥发性有机污染物会对环境造成一定的破坏,同时也可能导致水性聚氨酯基材出现相分离,影响基于水性聚氨酯的油墨连接料的理化性能。

纳米结晶纤维素作为一种绿色环保的高分子功能材料,经过表面改性处理后可与水性聚氨酯连接料形成结构均匀的复合材料,进而有效改善连接料的抗热老化性能。本书将经过硅烷偶联剂改性的纳米结晶纤维素作为添加剂与水性聚氨酯连接料基材混合,经过不同的热老化条件处理后研究改性纳米结晶纤维素对复合连接料涂层热致失重和镜面光泽度的改善效果。

9.2 复合型水性聚氨酯油墨连接料的制备和表征

9.2.1 材料和试剂

微晶纤维素(MCC)为分析纯,购自天津市光复精细化工研究所,粒径 80~100 μm,聚合度为176,结晶度为53.2%;水性聚氨酯购自乐意涂料(上海)有限公司,固含量为58.9%。本章使用的化学试剂见表9-1。

表9-1　化学试剂

试剂名称	分子式	生产厂家
3-氨丙基三乙氧基硅烷(APTES)	$NH_2(CH_2)_3SiOC_2H_5$	北京申达精细化工有限公司
3-(2,3-环氧丙氧)丙基三甲氧基硅烷(GPTMS)	$C_6H_{11}O_2Si(OCH_3)_3$	北京申达精细化工有限公司
无水乙醇(Ethanol)	C_2H_5OH	北京化工厂
硫酸(Sulfuric acid)	H_2SO_4	北京化工厂
盐酸(Hydrochloric acid)	HCl	北京化工厂

试验中所用原料都没有经过任何提纯处理,改性用硅烷为化学纯,其余所有试剂均为分析纯,所用水均为去离子水。

9.2.2 仪器和设备

本章使用的仪器规格及来源见表9-2。

表9-2　仪器规格及来源

仪器名称	型号	生产厂家
电子天平	FA1004N	上海精密科学仪器有限公司
电热磁力搅拌器	RCT 基本型	广州仪科实验室技术有限公司(IKA 中国分公司)
全自动新型鼓风干燥箱	ZRD-7230	上海智城分析仪器制造有限公司
冷冻干燥机	FD-1D-50	北京博医康实验仪器有限公司

表 9-2 　仪器规格及来源

仪器名称	型号	生产厂家
超声波细胞破碎仪	JY98-IIIN	宁波新芝实验仪器有限公司
热重-差热分析仪	DTG-60	日本岛津公司(Shimadizu)
扫描电子显微镜	S-3000N	日本日立公司(Hitachi)
傅立叶变换红外 光谱仪	Tensor7	德国布鲁克公司(Bruker)
恒温恒湿试验箱	UK-150G	东莞勤卓环境测试设备有限公司
高压均质机	NS1001L Panda	意大利 GEA Niro Soavi 公司

9.2.3 　复合型水性聚氨酯油墨连接料的制备

9.2.3.1 　纳米结晶纤维素颗粒的制备

将微晶纤维素与质量分数为 25% 的硫酸水溶液混合(质量比为 1:6),然后在 50 ℃ 水浴条件下进行 3 h 的水解处理,将水解产物经减压抽滤后用蒸馏水洗涤至中性,并在 65 ℃ 下烘干 48 h,制备获得酸水解微晶纤维素;用蒸馏水将酸水解微晶纤维素配制成质量分数为 1.0% 的悬浮液,然后利用超声波细胞破碎仪在 600 W 的功率下对该悬浮液进行 500 s 的超声处理,最后经过 -50 ℃ 冷冻干燥处理 48 h 获得纳米结晶纤维素颗粒。

9.2.3.2 　纳米结晶纤维素颗粒的表面改性

将 3-甲基丙烯酰氧基丙基三甲氧基硅烷(MPS)与乙醇混合配制成体积分数为 7.0% 的 MPS-乙醇溶液,通过滴加盐酸将 MPS-乙醇溶液的 pH 值调整到 3~4,从而对 MPS 进行水解,水解反应彻底的标志为溶液变澄清透明,每改性处理 1.0 g 的 NCC 需要 100 g 水解彻底的 MPS-乙醇溶液,改性温度为 60 ℃,改性时间为 3 h。

9.2.3.3 　复合连接料的制备

将改性纳米结晶纤维素颗粒按照质量分数 0、0.5%、1.0%、1.5% 和 2.0% 加入连接料基材中,然后经高压均质处理使 NCC 颗粒均匀分散,获得复合连接料,均质过程的压力为 100 MPa,均质处理 2 次。

9.2.3.4 　抗热老化性能测定

将含有不同用量改性纳米结晶纤维素的复合连接料在恒温恒湿试验箱中

进行热老化处理,相对湿度为(93±3)%,处理温度为 80 ℃、100 ℃、120 ℃、140 ℃,保温时间为 0、24 h、48 h、72 h、96 h,利用电子天平对热老化处理前、后的复合连接料进行称重,每个处理条件下设置 3 组平行实验,计算复合材料的热致失重率;根据《色漆和清漆 不含金属颜料的色漆漆膜的 20°、60°和 85°镜面光泽的测定》(GB/T 9754—2007)所述方法,将不同老化阶段的连接料样品制成 75 μm 厚的涂层,以一种折射率为 1.567 的平板玻璃为空白对照组,测量连接料样品在入射角 60°时的镜面光泽度。

9.3 复合型水性聚氨酯油墨连接料的表征

9.3.1 复合连接料的表征

9.3.1.1 外观形貌

未经改性处理的纳米结晶纤维素颗粒表面含有大量的亲水性羟基,易发生不可逆的团聚现象,其与连接料基材间的相容性也较差,而经过 MPS 改性后可在纳米结晶纤维素表面引入疏水性基团,进而能够显著改善其在连接料中的分散能力。如图 9-2(a)、(b)所示,表面改性后的纳米结晶纤维素颗粒以白点的形式出现在连接料基材中,当其用量低于 1.0%时,能够在水性聚氨酯分子链的空隙中均匀分散。而图 9-2(c)则表明,当改性纳米结晶纤维素颗粒的用量增加为 1.5%时,复合连接料涂层虽然仍可保持相对均匀的结构,但是已经引起部分 NCC 颗粒排列较密集。随着改性纳米结晶纤维素颗粒用量的继续提高,其表面羟基之间氢键作用的增强会导致分散能力下降,含有2.0%改性纳米结晶纤维素颗粒的复合连接料涂层结构中可以观察到团聚现象(见图 9-2(d))。

9.3.1.2 化学结构(FT-IR)分析

以未添加改性纳米结晶纤维素颗粒的原始连接料基材为对照组,对含有不同用量改性纳米结晶纤维素颗粒的复合连接料进行化学结构分析。根据对照组连接料样品的傅立叶变换红外光谱图(见图 9-3①)可知,水性聚氨酯结构中的 C—H 不对称伸缩振动峰位于 2 875 cm^{-1},羰基特征吸收峰位于 1 728 cm^{-1},以及与 C—O—C 相关的伸缩振动峰位于 1 456 cm^{-1}。改性纳米结晶纤维素颗粒的引入可直接影响连接料的化学结构,由图 9-3②可知,含有 0.5%改性纳米结晶纤维素颗粒的复合连接料的傅立叶变换红外光谱图中出现了位于 3 430 cm^{-1}的羟基特征峰,标志着改性纳米结晶纤维素的添加能够向连接料基

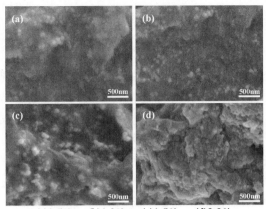

(a)0.5%； (b)1.0%； (c)1.5%； (d)2.0%

图 9-2　含有不同用量改性 NCC 的复合连接料扫描电镜分析

材中引入羟基;随着改性纳米结晶纤维素用量的提高,复合连接料中羟基特征峰的吸收强度明显增加(见图 9-3③和④),但是图 9-3⑤则表明当改性纳米结晶纤维素颗粒的用量达到 2.0%时,其团聚现象会引起羟基特征峰吸收强度的轻微下降。另外,MPS 改性纳米结晶纤维素结构中存在的 C—H 及羰基结构单元会导致复合连接料傅立叶变换红外光谱图中位于 2 875 cm^{-1} 和 1 728 cm^{-1} 的特征峰吸收强度明显提高,而位于 1 456 cm^{-1} 的 C—O—C 结构特征峰的吸收强度受改性纳米结晶纤维素的影响则相对较弱。

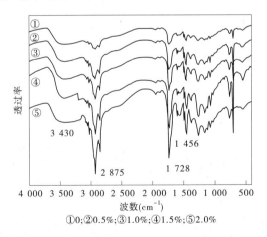

①0;②0.5%;③1.0%;④1.5%;⑤2.0%

图 9-3　含有不同用量改性纳米结晶纤维素的复合

连接料傅立叶变换红外光谱图

9.3.2 复合连接料的热老化指标

9.3.2.1 热致失重

高温处理会导致基于水性聚氨酯的印刷油墨连接料出现分子链的降解，从而产生明显的质量损失。向原始连接料中引入改性纳米结晶纤维素后，其表面羟基与聚氨酯分子链结构中的强电负性原子之间可形成大量氢键，使连接料基材的分子结构致密化并抑制热致失重现象。

老化过程的温度和时间是影响连接料样品热致失重的主要因素，随着老化温度的升高和处理时间的延长，基于水性聚氨酯的油墨连接料重量损失会明显增加（见图9-4）。由图9-4(a)可知，未添加改性 NCC 颗粒的连接料基材在 80 ℃下经过 24 h 老化处理后分子链结构所受破坏程度较轻，其重量损失为 3.5%；当老化时间延长至 96 h 时，聚氨酯分子链的老化降解加剧，连接料样品的失重达 7.7%；加入改性 NCC 颗粒后能够显著改善连接料在高温条件下的结构稳定性，含有2.0%改性NCC颗粒的复合连接料经80℃老化处理

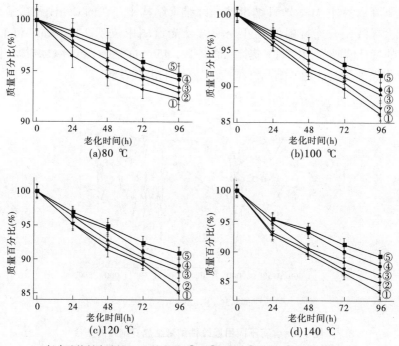

复合连接料中改性 NCC 的含量：①0；②0.5%；③1.0%；④1.5%；⑤2.0%

图9-4　复合连接料在不同温度下的热致失重

96 h后的重量损失率可降至5.4%。图9-4(b)则显示当老化温度升高至100℃时,含有2.0%改性NCC颗粒的复合连接料经过96 h热处理后的重量损失为8.4%,而未添加NCC颗粒的原始连接料在同等条件下的重量损失率可达13.8%。当老化温度继续增加至140℃时,未添加改性NCC颗粒的连接料失重现象更加严重,经过96 h热老化处理后的重量损失可以达到16.6%(相比老化温度120℃时的失重率提高了11.4%),而添加了2.0%改性NCC颗粒的复合连接料在140℃下老化处理96 h后的重量损失则降至10.7%(见图9-4(c)和(d))。

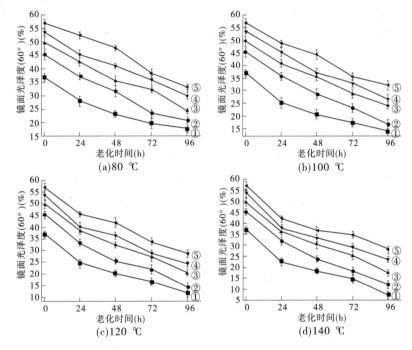

复合连接料中改性NCC的含量:①0;②0.5%;③1.0%;④1.5%;⑤2.0%

图9-5　复合连接料在不同温度下的镜面光泽度

9.3.2.2　镜面光泽度

镜面光泽度是印刷油墨连接料的表观性能,与其涂层结构直接相关,水性聚氨酯经过高温处理后出现的涂层开裂、脱落等老化现象会严重影响其镜面光泽度。改性纳米结晶纤维素颗粒与聚氨酯分子链之间形成的氢键连接可使连接料基材的结构规整而密集,因此向原始连接料基材中添加改性纳米结晶纤维素颗粒能够有效减少高温处理对其涂层镜面光泽度的破坏。

由图 9-5(a)可知,连接料涂层在 80 ℃条件下进行老化所导致的镜面光泽度下降趋势相对平缓,经 96 h 处理后原始连接料的镜面光泽度可从 36.8% 下降至 17.7%,下降幅度为 51.9%;而含有 2.0%改性 NCC 颗粒的复合连接料由于老化现象得到抑制,在同等条件下的镜面光泽度下降幅度降至 41.7%(从 56.9%降为 33.2%)。将处理温度提高至 100 ℃后原始连接料的老化现象更加明显,96 h 后原始连接料涂层的镜面光泽度能够从 36.8%降至 14.1%,下降幅度达 61.7%;而在相同的老化条件下,含有 2.0%改性 NCC 颗粒的复合连接料镜面光泽度下降幅度仅为 43.9%(见图 9-5(b))。根据图 9-5(c)和(d)可知,当老化温度升至 120 ℃和 140 ℃时,原始连接料涂层经 96 h 处理后其镜面光泽度的下降幅度会达到 68.2%和 79.6%,而含有 2.0%改性 NCC 颗粒的复合连接料经同等条件处理后的镜面光泽度下降幅度则迅速减小,分别为 49.7%(从 56.9%降至 28.6%)和 51.1%(从 56.9%降至 27.8%)。

9.4　本章小结

(1)复合连接料的外观形貌分析表明,MPS 改性纳米结晶纤维素颗粒在连接料基材中的分散状态相对较均匀,但是当其含量达到 2.0%时可观察到团聚现象的出现。添加改性纳米结晶纤维素颗粒可在连接料基材中引入羟基,同时也会导致位于 2 875 cm^{-1} 和 1 728 cm^{-1} 的 C—H 及羰基结构单元特征峰吸收强度明显提高。

(2)改性纳米结晶纤维素颗粒的添加可显著减少由于连接料分子链降解而导致的重量损失。未添加改性纳米结晶纤维素颗粒的原始连接料经 140 ℃ 老化处理 96 h 后的重量损失率可达 16.6%,而含有 2.0%改性纳米结晶纤维素颗粒的复合连接料经同等条件处理后的失重率仅为 10.7%。

(3)向连接料基材中添加改性纳米结晶纤维素颗粒可有效降低高温处理对连接料涂层镜面光泽度的破坏。在 140 ℃条件下对未添加改性纳米结晶纤维素颗粒的原始连接料涂层进行 96 h 的老化处理,则该涂层镜面光泽度的下降幅度可达 79.6%,而将添加了 2.0%改性纳米结晶纤维素颗粒的复合连接料置于同等老化条件下时,其镜面光泽度仅下降了 51.1%。

第 10 章　结论与展望

10.1　结　论

本书提供了一种用于乙醇法分离木材组分过程的催化剂体系,该体系主要由 4-甲基-2-戊酮、二甲亚砜以及甲酸等组成,可以实现低温条件下对木质纤维素和木素的分离提取,降低能耗的同时也保护了所分离木质纤维素和木素样品的结构完整性;以利用上述催化剂体系的乙醇法分离的木质纤维素为原料,通过酸水解、超声破碎、高压均质以及冷冻干燥等步骤制备纳米结晶纤维素粉体,并对所得粉体进行表面接枝以引入疏水性基团来改善其在有机相中的分散性;最后利用改性纳米结晶纤维素颗粒的高硬度、高透光性、高反应活性等特点,分别制成甲醛消纳剂、紫外线屏蔽剂以及增强增韧剂、造孔剂等,应用于脲醛树脂、丙烯酸酯涂料、聚氨酯水性木器漆、酚醛树脂、多孔陶瓷以及油墨连接料等的性能改良,并研究其作用机制。通过研究,得到如下结论:

(1)利用 4-甲基-2-戊酮、二甲亚砜和甲酸等复配而成的催化剂体系强化常规乙醇法分离木材组分的效率。通过分析催化乙醇法在不同分离温度、液比、催化剂配比以及保温时间等条件下对毛白杨和落叶松木材组分的分离效率,可得最优分离工艺条件为:分离温度 130 ℃、液比 1∶10、保温时间 150 min;对该条件下分离的木质纤维素样品进行理化性能分析测定,结果表明落叶松纤维素的结晶结构以及热稳定性等均优于毛白杨纤维素。另外,与磨木木素相比,催化乙醇法分离的木素样品的特征醚键连接被破坏,愈疮木基出现缩合而且 β-O-4 结构在分离过程中出现了较明显的降解。

(2)相比催化乙醇法分离的毛白杨纤维素,落叶松纤维素的化学结构稳定而且结晶度较高,以其为原料制备的纳米结晶纤维素具有完整的结晶结构,(101)晶面和(002)晶面的衍射峰强度均明显高于以毛白杨纤维素为原料制备的纳米结晶纤维素。另外,由于结构更加致密,落叶松纳米结晶纤维素的热稳定性明显优于毛白杨纳米结晶纤维素,但是毛白杨纳米结晶纤维素的分散性相对较好。

(3)利用3-氨丙基三乙氧基硅烷和3-甲基丙烯酰氧基丙基三甲氧基硅烷对纳米结晶纤维素进行表面改性后复配成纳米结晶纤维素/脲醛树脂复合材料,用于改善脲醛树脂基材的胶合强度并降低其游离甲醛释放量。3-氨丙基三乙氧基硅烷和3-甲基丙烯酰氧基丙基三甲氧基硅烷的改性处理对纳米结晶纤维素颗粒的热稳定性影响相对较小,但是可显著提高其在脲醛树脂基材中的分散性。在胶合板中用量为1.5%的3-氨丙基三乙氧基硅烷改性纳米结晶纤维素可使脲醛树脂胶黏剂的游离甲醛释放量降低53.2%,而用量为1.5%的经过3-甲基丙烯酰氧基丙基三甲氧基硅烷改性的纳米结晶纤维素所造成的游离甲醛释放量下降幅度仅为其1/2~1/3;改性纳米结晶纤维素的添加对降低纤维板中游离甲醛释放量的作用效果较小。3-氨丙基三乙氧基硅烷改性纳米结晶纤维素可导致胶合板的内结合强度提高23.6%,而3-甲基丙烯酰氧基丙基三甲氧基硅烷改性纳米结晶纤维素的增强效果相对较差;在纤维板中3-氨丙基三乙氧基硅烷改性纳米结晶纤维素可使抗弯强度提高46.1%,明显高于3-甲基丙烯酰氧基丙基三甲氧基硅烷改性纳米结晶纤维素导致的35.7%的改善效果。

(4)将3-(2,3-环氧丙氧)丙基三甲氧基硅烷和3-甲基丙烯酰氧基丙基三甲氧基硅烷改性纳米结晶纤维素与丙烯酸酯涂料复配制成复合材料,以改善丙烯酸酯涂料基材的镜面光泽度、耐磨性能、铅笔硬度、抗水性能和抗乙醇性能。3-(2,3-环氧丙氧)丙基三甲氧基硅烷改性纳米结晶纤维素在丙烯酸酯涂料基材中分散均匀,导致复合材料的镜面光泽度提高了33.3%,而分散性较差的3-甲基丙烯酰氧基丙基三甲氧基硅烷改性纳米结晶纤维素在用量超过1.0%后开始出现改善效果下降;3-(2,3-环氧丙氧)丙基三甲氧基硅烷改性纳米结晶纤维素对丙烯酸酯复合材料耐磨性能的改善作用明显高于3-甲基丙烯酰氧基丙基三甲氧基硅烷改性纳米结晶纤维素,而不同的纳米结晶纤维素改性剂种类对复合材料铅笔硬度的增强效果影响不显著。改性纳米结晶纤维素可取代丙烯酸酯基材结构中的亲水性基团,以改善复合材料的抗水性能等,对复合材料涂层的耐洗刷性有增强效果。

(5)利用3-氨丙基三乙氧基硅烷和3-(2,3-环氧丙氧)丙基三甲氧基硅烷改性纳米结晶纤维素制备聚氨酯水性木器漆复合材料。相比3-(2,3-环氧丙氧)丙基三甲氧基硅烷改性纳米结晶纤维素,3-氨丙基三乙氧基硅烷改性纳米结晶纤维素在木器漆基材中的分散状态更加均匀,同时对复合材料结晶结构和热稳定性的改善作用也更加明显。均匀分散的纳米颗粒不但抑制了木器漆基材的光化学降解,并使复合材料表现出优异的耐黄变性能,同时也明显提高了复合材料的镜面光泽度;纳米结晶纤维素颗粒在聚氨酯基材中形成的交联网络结构可使其铅笔硬度从对照组的 2H 提高到 4H,也显著增强了复合材料的耐磨性能。

(6)利用 3-(2-氨乙基)-氨丙基甲基二甲氧基硅烷和 3-甲基丙烯酰氧基丙基三甲氧基硅烷改性纳米结晶纤维素可以对酚醛树脂基材进行增韧和增强。3-(2-氨乙基)-氨丙基甲基二甲氧基硅烷结构中的氨基对纳米结晶纤维素颗粒的接枝率较高,导致该类型改性纳米颗粒在酚醛树脂基材中的分散性优于 3-甲基丙烯酰氧基丙基三甲氧基硅烷改性纳米结晶纤维素。改性纳米结晶纤维素颗粒通过与酚醛树脂分子链间的物理和化学连接对基材的力学性能进行改善,1.5%的 3-(2-氨乙基)-氨丙基甲基二甲氧基硅烷改性纳米结晶纤维素使酚醛树脂的抗张强度增强了 155.5%,而 1.5%的 3-甲基丙烯酰氧基丙基三甲氧基硅烷改性纳米结晶纤维素仅导致抗张强度提高了 112.2%;3-(2-氨乙基)-氨丙基甲基二甲氧基硅烷改性纳米结晶纤维素的添加导致酚醛树脂抗弯强度提高 23.8%,明显高于 3-甲基丙烯酰氧基丙基三甲氧基硅烷改性纳米结晶纤维素。但是酚醛树脂复合材料冲击强度的改善效果基本不受纳米结晶纤维素表面改性剂种类的影响。

(7)当改性纳米结晶纤维素颗粒的用量低于 10.0%时,多孔陶瓷内部孔隙结构分散均匀,孔径基本稳定在 $0.8 \sim 4 \ \mu m$;纳米结晶纤维素颗粒用量增大会导致多孔陶瓷的平均孔径明显增加。多孔陶瓷的显气孔率受造孔剂的用量影响显著:当造孔剂用量较低时,多孔陶瓷的显气孔率随造孔剂用量的增加而显著提高,而较高用量的造孔剂导致的孔隙结构塌缩等现象则使多孔陶瓷显气孔率的提高速率逐渐减慢。多孔陶瓷的抗压强度与多孔陶瓷的孔隙结构有关。随着孔隙结构比例的提高,多孔陶瓷的抗压强度显著下降,但是以分散性能较好的 MPS 改性纳米结晶纤维素作为造孔剂时,多孔陶瓷的抗压强度下降速度明显慢于利用原始纳米结晶纤维素制备所得的多孔陶瓷。另外,孔隙结构的增加会导致多孔陶瓷力学性能的显著下降。

(8)复合连接料的外观形貌分析表明改性纳米结晶纤维素颗粒在连接料基材中的分散状态相对较均匀,但是当其含量达到 2.0%时,可观察到团聚现象的出现。添加改性纳米结晶纤维素颗粒可在连接料基材中引入羟基,同时也会导致位于 $2 \ 875 \ cm^{-1}$ 和 $1 \ 728 \ cm^{-1}$ 的 C—H 及羰基结构单元特征峰吸收强度明显提高。改性纳米结晶纤维素颗粒的添加可显著减少由于连接料分子链降解而导致的重量损失。向连接料基材中添加改性纳米结晶纤维素颗粒可有效降低高温处理对连接料涂层镜面光泽度的破坏。在 140 ℃条件下对添加

2.0%改性纳米结晶纤维素颗粒的原始连接料涂层进行96 h的老化处理后,其镜面光泽度仅下降了51.1%。

10.2　本书的创新点

目前,纳米结晶纤维素的制备和应用领域仍存在一些问题,比如多采用微晶纤维素(MCC)等作为原料,成本较高,不利于实现工业化生产;应用也多局限在对纳米结晶纤维素强度性质的利用方面等。

本书的创新思路是以新型催化剂体系改善传统乙醇法分离木材组分的工艺条件,在低温下分离获得高纯度、高结晶度的纤维素,辅以酸水解等手段,实现一种以木片为初始原料的纳米结晶纤维素连续制备工艺,并利用表面改性纳米结晶纤维素制备理化性能突出的环保型复合材料。具体创新点如下:

(1)本研究首次提供了一种可以降低传统乙醇法分离木材组分最高温度的催化剂体系,利用该催化剂体系的乙醇法可以在分离温度130 ℃、保温时间150 min的条件下分离获得高纯度、高结晶度的木质纤维素。

(2)本研究首次利用高反应活性的、分散性能良好的改性纳米结晶纤维素在有机相基材中形成的稳定交联网络结构对脲醛树脂、丙烯酸酯涂料、聚氨酯水性木器漆和酚醛树脂进行增强和增韧等,并研究其改良机制。

(3)本研究首次将纳米结晶纤维素表面活性羟基的吸附作用和不稳定性用于降低脲醛树脂的游离甲醛释放量和提高聚氨酯水性木器漆的耐紫外黄变性能,并阐述了其改善原因。

(4)本研究首次利用表面改性纳米结晶纤维素的小尺寸和高分散能力,使其均匀分散在陶瓷胚体中,进而利用纤维素基材料的可燃性在陶瓷中制造出大量分布均匀、尺寸均一的封闭气孔。

(5)本研究首次利用纳米结晶纤维素致密的结晶结构作为提高油墨复合连接料光泽度的手段,同时也可以减慢连接料基材在受到辐射及高温处理后的老化及降解速度。

10.3　研究展望

作为一种天然的高分子功能材料,纳米结晶纤维素理化性能突出,已经成为生物材料领域的一个研究热点。无论是在纳米结晶纤维素的工业化生产方面,还是在其表面改性及应用方面,都存在大量亟待探讨和研究的问题。本书所开展的研究工作内容有限,只是涉及上述问题中的几个方面,仍然有大量的研究工作需要进行。

(1)以木片为原料的纳米结晶纤维素连续制备工艺有待继续研究,以期早日实现工业化生产;本研究采用的催化剂体系可在一定程度上降低乙醇法分离纤维素的最高温度,但是仍然高于纳米结晶纤维素的常规制备温度,可显著降低纤维素分离温度的催化剂体系以及分离纤维素的低温洗涤工艺需要进一步的研究开发。

(2)需要开发对纳米结晶纤维素颗粒更加有效的表面改性工艺,在保证纳米结晶纤维素原有形貌的同时,提高该纳米颗粒在不同有机相中的高浓分散性。

(3)本研究制备的纳米结晶纤维素复合材料主要利用了纳米结晶纤维素的高反应活性、高结晶度和高透光性等特点,但是对其在可降解生物材料等领域的应用还有待进一步的深入研究。

参 考 文 献

[1] 蔡阿满.纳米 TiO_2 /丙烯酸酯复合乳液的制备与表征[D].广州:华南理工大学,2010:62-63.

[2] 才红,韦春,陆绍荣.SF/PF复合材料冲击性能的研究[J].现代塑料加工应用,2004,16(4):1-3.

[3] 陈洪章.纤维素生物技术[M].北京:化学工业出版社,2011:2-3.

[4] 陈立军,史鸿鑫,武宏科,等.SiO_2 改性丙烯酸酯树脂涂料的方法及研究进展[J].合成树脂及塑料,2009,26(1):77-80.

[5] 丁树强,曾宇平,江东亮.原位反应烧结碳化硅多孔陶瓷的制备与性能[J].无机材料学报,2006,21(6):1398-1403.

[6] 董洪波,王海青,王胜利.以有机硅改性丙烯酸树脂为基料制备道路标线漆的研究[J].山东化工,2003,32(4):42-43.

[7] 杜庆栋,孙洁,吕海宁.提高纳米纤维素分散性能的研究进展[J].工程塑料应用,2013,41(6):117-120.

[8] 樊慧明,张成,刘建安,等.阴离子自交联苯丙乳液的成膜抗水性能研究[J].中国造纸,2012,31(8):8-12.

[9] 费鹏,蔡杰,熊汉国.球磨-酶解法制备纳米竹纤维的结构表征[J].林业科技开发,2012,26(2):16-19.

[10] 高洁,汤烈贵.纤维素科学[M].2版.北京:科学出版社,1999:24-25,197-199.

[11] 高晓敏,刘永华,杨雪海.聚氨酯老化及分析表征和模拟研究进展[J].高分子材料科学与工程,2005,21(5):33-36.

[12] 郭婷,刘雄.纳米纤维素的改性及其在复合材料中的应用进展[J].食品科学,2014,35(3):285-289.

[13] 郭兴忠,朱林,杨辉,等.淀粉为造孔剂制备碳化硅多孔陶瓷[J].中国陶瓷工业,2013,20(1):9-11.

[14] 杭志喜,崔海丽.稀酸降解植物纤维素的研究[J].安徽工程科技学院学报,2005,20(2):16-19.

[15] 何建新,唐予远,王善元.醋酸纤维素的结晶结构与热性能[J].纺织学报,2008,29(10):12-16.

[16] 何文,尤骏,蒋身学,等.毛竹纳米纤维素晶体的制备及特征分析[J].南京林业大学学报(自然科学版),2013,37(4):95-98.

[17] 何文,张苏京,蒋身学,等.插层处理纳米蒙脱土改性脲醛树脂对胶合板性能的影响[J].中国人造板,2012,11:19-22.

[18] 蒋剑春.生物质能源应用研究现状与发展前景[J].林产化学与工业,2002,22(2):

75-80.

[19] 蒋玲玲,陈小泉.纤维素酶解天然棉纤维制备纳米纤维素晶体及其表征[J].化学工程与装备,2008,10:1-4.

[20] 阚成友,孔祥正,袁青,等.有机硅改性丙烯酸酯聚合物研究进展[J].高分子材料科学与工程,2000,16(4):1-3.

[21] 李本刚,曹绪芝,顾洪宇,等.纳米纤维素晶体和柠檬酸改性聚乙烯醇薄膜的制备及性能[J].高分子材料科学与工程,2012,28(8):178-182.

[22] 李翠珍,黄斌,罗太安.纤维素的酸预处理研究[J].浙江化工,2004,35(11):4-5.

[23] 李金玲,周刘佳,叶代勇.硫酸铜助催化制备纳米纤维素晶须[J].精细化工,2009,26(9):844-849.

[24] 李金玲,陈广祥,叶代勇.纳米纤维素晶须的制备及应用的研究进展[J].林产化学与工业,2010,30(2):121-125.

[25] 李绍雄,刘益军.聚氨酯树脂及其应用[M].北京:化学工业出版社,2002.

[26] 李松栋,吴跃焕,张翠梅,等.MMA,HEMA和EDA对水性聚氨酯硬度的影响[J].山西化工,2008,28(4):13-15.

[27] 李西忠.无机硅化物接枝脲醛树脂木材胶粘剂[J].林产工业,1998,25(2):32-33.

[28] 廖庆玲,李轩科,左小华.有机硅改性酚醛树脂的研究[J].重庆文理学院学报(自然科学版),2011,30(4):54-58.

[29] 林巧佳,杨桂娣,刘景宏.纳米二氧化硅改性脲醛树脂的应用及机理研究[J].福建林学院学报,2005,25(2):97-102.

[30] 林松.纤维素纳米晶的乙酰化修饰研究[J].安徽化工,2012,38(5):48-49.

[31] 刘玲玲,田云波,唐楚楚,等.酸酶法制备纳米豆渣纤维素[J].食品与发酵工业,2011,37(9):124-128.

[32] 刘仁庆.纤维素化学基础[M].北京:科学出版社,1985.

[33] 刘志明,谢成,王海英,等.(中国)碱/甲苯法制备纳米纤维素的方法[P].CN102182087A,2011.

[34] 刘志明,谢成,吴鹏,等.间硝基苯磺酸钠助催化硫酸水解制备芦苇浆纳米纤维素[J].生物质化学工程,2012,46(5):1-6.

[35] 卢麒麟,黄彪,唐丽荣,等.响应面法优化制备巨菌草纳米纤维素及其性能表征[J].功能材料,2013,20(44):2985-2989.

[36] 马建中,张志杰,刘凌云,等.丙烯酸树脂/纳米 SiO_2 复合涂饰剂的合成研究[J].皮革科学与工程,2005,15(2):8-11.

[37] 苗蔚,程文喜,伊振斌.空心包里微球改性酚醛树脂的研究[J].工程塑料应用,2009,37(12):12-14.

[38] 平清伟,谭国民,赵群祝,等.过氧化氢在芦苇乙醇法制浆中的催化作用[J].中国造纸学报,2008,23(3):28-31.

[39] 卿彦,蔡智勇,吴义强,等.纤维素纳米纤丝研究进展[J].林业科学,2012,48(1):

145-152.

[40] 仇诗其,张旭东,廖阳飞,等.自交联型聚氨酯-丙烯酸酯复合乳液的合成研究[J].现代涂料与涂装,2008,11(1):5-9.

[41] 任志勇,马德柱,朱琰,等.聚酯型脂肪族和芳香族聚氨酯硬段结晶特性对比[J].应用化学,1988,5(3):54-58.

[42] 佘颖,张浩,宋舒苹,等.改性纳米结晶纤维素对水性聚氨酯浸润性的研究[J].林产化学与工业,2013,33(2):77-80.

[43] 沈慧芳,彭文奇,宁蕾,等.聚氨酯结晶性的研究进展[J].中国胶粘剂,2010,19(7):59-63.

[44] 史雅娟,吕永龙.农业废弃物的资源化利用[J].环境科学进展,1999,7(6):32-37.

[45] 唐丽荣,黄彪,戴达松,等.纳米纤维素晶体的制备及表征[J].林业科学,2011,47(9):119-122.

[46] 唐丽荣,黄彪,戴达松,等.纳米纤维素碱法制备及光谱分析[J].光谱学与光谱分析,2010,30(7):1876-1879.

[47] 唐丽荣,欧文,林雯怡,等.酸水解制备纳米纤维素工艺条件的响应面优化[J].林产化学与工业,2011,31(6):61-65.

[48] 唐文睿,缪昌文,丁蓓.微晶纤维素增韧混凝土的性能研究及机理分析[J].新型建筑材料,2010,7:4-6.

[49] 唐植贤,王君瑞,郑修斌.丙烯酸酯乳胶膜透明度和光泽度的影响因素探讨[J].上海涂料,2013,51(1):53-56.

[50] 万怡灶,高川,翟云敬.(中国)细菌纤维素/明胶/羟基磷灰石复合材料及其制备方法[P].CN101947335A,2011.

[51] 汪长春,包启宇.丙烯酸酯涂料[M].北京:化学工业出版社,2005.

[52] 王海峰,李仲谨,黄永如.插层有机纳米蒙脱土对脲醛树脂胶粘剂性能的影响[J].中国胶粘剂,2009,18(10):1-3.

[53] 王建清,徐梅,金政伟,等.纳米SiO_2/纤维素包装薄膜结构形态及性能研究[J].包装工程,2009,30(9):1-4.

[54] 王树荣,廖艳芬,文丽华,等.钾盐催化纤维素快速热裂解机理研究[J].燃料化学学报,2004,32(6):694-698.

[55] 王文俊,冯蕾,邵自强,等.纳米纤维素晶须/硝化纤维素复合材料的制备与力学性能研究[J].兵工学报,2012,33(10):1173-1177.

[56] 汪晓东,励杭泉.酚醛树脂增容聚甲醛/丁腈橡胶共混物的亚微相态与增韧机理研究[J].高分子材料科学与工程,2001,17(3):29-33.

[57] 汪新民.常温交联丙烯酸酯乳胶涂料研究[J].化学建材,2002(2):22-24.

[58] 吴开丽.纳米纤维素晶体的制备及其在造纸中的应用[D].济南:山东轻工业学院,2010:5-18.

[59] 夏松华,李黎,李建章.纳米TiO_2改性脲醛树脂性能研究[J].粘接,2008,29(7):

21-23.

[60] 肖安国,张儒祥,郝爱平,等.纳米 SiO_2 和 $CaCO_3$ 改性脲醛树脂甲醛含量及性能研究[J].湖南文理学院学报(自然科学版),2006,18(4):39-41.

[61] 许东生.纤维素衍生物[M].北京:化学工业出版社,2001.

[62] 徐钦昌,黄笔武,雍涛,等.纳米二氧化硅对丙烯酸酯紫外光固化涂料性能的影响[J].精细石油化工,2013,30(5):41-44.

[63] 徐永伟,严川伟.紫外光对涂层的老化作用[J].中国腐蚀与防护学报,2004,24(3):168-173.

[64] 许云辉,许宇岳,林红.氧化纤维素的研究进展及发展趋势[J].苏州大学学报(工科版),2006,26(2):1-6.

[65] 薛璐,杨谦,唐艳.利用大豆乳清生产细菌纤维素的研究[J].高技术通讯,2004,14(6):28-31.

[66] 严薇,鲁琴,胡荣涛,等.有机硅改性丙烯酸酯涂料的性能研究[J].化学与生物工程,2011,28(9):32-35.

[67] 杨淑蕙.植物纤维化学[M].3 版.北京:中国轻工业出版社,2001.

[68] 杨桂娣,林巧佳,刘景宏.超声波在纳米 SiO_2 与脲醛树脂共混中的应用[J].福建农林大学学报(自然科学版),2004,33(4):538-541.

[69] 杨桂娣,林巧佳,刘景宏.纳米二氧化硅对脲醛树脂胶性能的影响[J].福建林学院学报,2004,24(2):114-117.

[70] 叶代勇.纳米纤维素的制备[J].化学进展,2007,19(10):1568-1575.

[71] 于顺洋,张宪康.不同有机硅/丙烯酸乳胶漆性能研究[J].上海大学学报(自然科学版),2002,8(6):495-497.

[72] 于晓芳,王喜明.胶合板用脲醛树脂胶粘剂的纳米改性[J].中国胶粘剂,2013,22(4):29-32.

[73] 詹怀宇.制浆原理与工程[M].3 版.北京:中国轻工业出版社,2009.

[74] 詹茂盛,肖威,李智.酚醛树脂基蒙脱土纳米复合材料的力学性能与增强增韧机理[J].航空材料学报,2003,23(1):34-43.

[75] 张长生,赵晓东,罗世凯,等.聚合物/纳米 SiO_2 复合材料的研究进展[J].塑料科技,2005,15(5):45-47.

[76] 张浩,张静,宋舒苹,等.纳米结晶纤维素改性产物对脲醛树脂浸润性的研究[J].中国造纸学报,2011,26(4):5-8.

[77] 张贺,张连红,梁红玉,等.氟硅改性丙烯酸树脂及涂料的研究进展[J].化学与黏合,2011,33(5):57-60.

[78] 张劲松,张德坤,陈立奇.碳粉为造孔剂的多孔生物陶瓷的制备及性能研究[J].中国陶瓷,2008,44(8):23-26.

[79] 张力平,唐焕威,曲萍,等.一种棒状纳米纤维素及其光谱性质[J].光谱学与光谱分析,2011,31(4):1097-1100.

[80] 张美云,徐永建,蒲文娟.非木材纤维自催化乙醇制浆的研究进展[J].中华纸业,2007,28(6):77-79.

[81] 章毅鹏,朱长风,桂红星,等.纳米晶纤维素补强天然橡胶的研究[J].热带农业科学,2008,28(3):16-18.

[82] 赵临五,王春鹏.脲醛树脂胶黏剂——制备、配方、分析及应用[M].北京:化学工业出版社,2005.

[83] 赵士铎.普通化学[M].北京:中国农业大学出版社,1999.

[84] 赵世海,蒋秀明,淮旭国,等.玄武岩纤维增强酚醛树脂基摩擦材料的摩擦磨损性能[J].机械工程材料,2010,34(5):52-55.

[85] 赵煦,刘志明,张生义.芦苇浆纳米纤维素的微波辅助酸水解制备优化[J].广东化工,2012,39(14):3-4.

[86] 甄文娟,单志华.纳米纤维素在绿色复合材料中的应用研究[J].现代化工,2008,28(6):85-88.

[87] 郑亚萍,宁荣昌,张爱波.SiO_2纳米复合材料研究进展[J].纤维复合材料,2001,2:46-47.

[88] 周刘佳,叶代勇.丙烯酸单体接枝纳米纤维素晶须[J].精细化工,2010,27(7):720-725.

[89] Abdullah Z A, Park B D. Influence of acrylamide copolymerization of urea-formaldehyde resin adhesives to their chemical structure and performance [J]. Journal of Applied Polymer Science, 2010, 117(6): 3181-3186.

[90] Alemdar A, Sain M. Isolation and characterization of nanofibers from agricultural residues-wheat straw and soy hulls [J]. Bioresource Technology, 2008, 99(6):1664-1671.

[91] Alemdar A, Sain M. Biocomposites from wheat straw nanofibers: morphology, thermal and mechanical properties [J]. Composites Science and Technology, 2008, 68(2): 557-565.

[92] Alexandre M, Dubois P. Polymer-layered silicate nanocomposites: preparation, properties and uses of a new class of materials [J]. Materials Science and Engineering Reports, 2000, 28(1-2): 1-63.

[93] Amen-Chen C, Pakdel H, Roy C. Separation of phenols from Eucalyptus wood tar [J]. Biomass and Bioenergy, 1997, 13(1-2): 25-37.

[94] Araki J, Wada M, Kuga S, et al. Birefringent glassy phase of a cellulose microcrystal suspension [J]. Langmuir, 2000, 16(6): 2413-2415.

[95] Araki J, Wada M, Kuga S. Steric stabilization of a cellulose microcrystal suspension by poly(ethylene glycol) grafting [J]. Langmuir, 2001, 17(1): 21-27.

[96] Azizi S, Fannie A, Sanchez J Y, et al. Cellulose nanocrystals reinforced poly(oxyethylene) [J]. Polymer, 2004, 45(12): 4149-4157.

[97] Barba C, Scott S, Roddick-Lanzilotta A, et al. Restoring important hair properties with wool keratin proteins and peptides [J]. Fibers and Polymers, 2010, 11(7): 1055-1061.

[98] Basta A H, El-Saied H, Winandy J E, et al. Performed amide-containing biopolymer for improving the environmental performance of synthesized urea-formaldehyde in agro-fiber composites [J]. Journal of Polymers and the Environment, 2011, 19(2): 405-412.

[99] Beecher J F. Organic materials: wood, trees and nanotechnology [J]. Nature Nanotechnology, 2007, 2(8): 466-467.

[100] Bledzki A K, Aszkiewicz A. Mechanical performance of biocomposites based on PLA and PHBV reinforced with natural fiber——A comparative study to PP [J]. Composites Science and Technology, 2010, 70(12): 1687-1696.

[101] Bonini C, Heux L, Cavaille J Y. Rodlike cellulose whiskers coated with surfactant: a small-angle neutron scattering characterization [J]. Langmuir, 2002, 18(8): 3311-3314.

[102] Bondeson D, Mathew A, Oksman K. Optimization of the isolation of nanocrystals from microcrystalline cellulose by acid hydrolysis [J]. Cellulose, 2006, 13(2): 171-180.

[103] Brahim S B, Cheikh R B. Influence of fiber orientation and volume fraction on the tensile properties of unidircetion alfa-polyester composite [J]. Composites Science and Technology, 2007, 67(1): 140-147.

[104] Cao X D, Dong H, Li C M. New nanocomposite materials reinforced with flax cellulose nanocrystals in waterborne polyurethane [J]. Biomacromolecules, 2007, 8(3): 899-904.

[105] Cardona F, Kin-Tak A L, Fedrigo J. Novel phenolic resins with improved mechanical and toughness properties [J]. Journal of Applied Polymer Science, 2012, 123(4): 2131-2139.

[106] Chazeau L, Gauthier C, Vigier G, et al. Relashionships between microstructural aspects and mechanical properties of polymer-based nanocomposites [M]. Los Angles: American Scientific Publishers, 2003.

[107] Chen R F, Huang Y, Wang C A, et al. Ceramics with ultra-low density fabricated by gelcating: An unconventional view[J]. Journal of the American Ceramic Society, 2007, 90(11): 3424-3429.

[108] Cheng K C, Catchmark J M, Demirci A. Effect of different additives on bacterial cellulose production by Acetobacter xylinum and analysis of material property [J]. Cellulose, 2009, 16(6): 1033-1045.

[109] Cheng Q, Wang S Q, Rials T G. Poly (vinyl alcohol) nanocomposites reinforced with cellulose fibrils isolated by high intensity ultrasonication [J]. Composites: Part A, 2009, 40(2): 218-224.

[110] Cheng Q, Wang S Q, Rials T G, et al. Physical and mechanical properties of polyvinyl alcohol and polypropylene composite materials reinforced with fibril aggregates isolated from regenerated cellulose fibers [J]. Cellulose, 2007, 14(6): 593-602.

[111] Choi H Y, Bae C Y, Kim B K. Nanoclay reinforced UV curable waterborne polyurethane hybrids [J]. Progress in Organic Coatings, 2010, 68(4): 356-362.

[112] Chu C C, Fischer T E. Evaluation of sunlight stability of polyurethane elastomers for maxillofacial use[J]. Journal of Biomedical Materials Research, 1978, 12(3): 347-359.

[113] Chuayjuljit S, Su-uthai S, Tunwattanaseree C, et al. Preparation of microcrystalline cellulose from waste-cotton fabric for biodegradability enhancement of natural rubber sheets [J]. Journal of Reinforced Plastics and Composites, 2009, 28(10): 1245-1254.

[114] Craciun E, Ioncea A, Jitaru I, et al. Nano oxides UV protectors for transparent organic coatings [J]. Revista De Chimie, 2011, 62(1): 21-26.

[115] Cranston E D, Gray D G. Morphological and optical characterization of polyelectrolyte multilayers incorporating nanocrystalline cellulose [J]. Biomacromolecules, 2006, 7 (9): 2522-2530.

[116] Czaja W, Krystynowicz A, Bielecki S, et al. Microbial cellulose——the natural power to heal wounds [J]. Biomaterials, 2006, 27(2): 145-151.

[117] De Paiva J M F, Frollini E. Unmodified and modified surface sisal fibers as reinforcement of phenolic and lignophenolic matrices composites: thermal analyses of fibers and composites [J]. Macromolecular Materials and Engineering, 2006, 291(4): 405-417.

[118] De Souza I J, Bouchard J, Methot M, et al. Carbohydrates in oxygen delignification, Part I: Changes in cellulose crystallinity [J]. Journal of Pulp and Paper Science, 2002, 28(5): 167-170.

[119] De S L M M, Borsali R. Rodlike cellulose microcrystals: structure, properties, and applications [J]. Macromolecular Rapid Communications, 2004, 25(7): 771-787.

[120] Dieter S, Werner F. Resin for coatings [M]. Cincinati: Hanser/Gardner Publications Inc.,1996, 332-335.

[121] Dinand E, Chanzy H, Vignon R M. Suspensions of cellulose microfibrils from sugar beet pulp [J]. Food Hydrocolloids, 1999, 13(3): 275-283.

[122] Dolatzadeh F, Moradian S, Jalili M M. Influence of various surface treated silica nanoparticles on the electrochemical properties of SiO_2/polyurethane nanocoatings [J]. Corrosion Science, 2011, 53(12): 4248-4257.

[123] Douglas J G, Gloria S O, Ryan M, et al. Adhesion and surface issues in cellulose and nanocellulose [J]. Journal of Adhesion Science and Technology, 2008, 22: 545-567.

[124] Dziurka D, Mirski R. UF-PMDI hybrid resin for waterproof particleboards manufactured at a shortened pressing time [J]. Drvna Industrija, 2010, 61(4): 245-249.

[125] Eichhorn S J, Baillie C A, Zafeiropoulos N, et al. Current international research into cellulosic fibers and composites [J]. Journal of Materials Science, 2001, 36(9): 2107-2131.

[126] Eichhorn S J, Dufresne A, Aranguren M, et al. Review: current international research into cellulose nanofibers and nanocomposites [J]. Journal of Materials Science, 2010, 45(1): 1-33.

[127] Elazzouzi-Hafraoui S, Nishiyama Y, Putaux J L, et al. The shape and size distribution of crystalline nanoparticles prepared by acid hydrolysis of native cellulose [J]. Biomacromolecules, 2008, 9(1): 57-65.

[128] Eyholzer C, Bordeanu N, Lopez-Suevos F, et al. Preparation and characterization of water-redispersible nanofibrillated cellulose in powder form [J]. Cellulose, 2010, 17(1): 19-30.

[129] Eyley S, Thielemans W. Imidazolium grafted cellulose nanocrystals for ion exchange applications [J]. Chemical Communications, 2011, 14(47): 4177-4179.

[130] Fang Z H, Shang J J, Huang Y X, et al. Preparation and characterization of the heat-resistant UV curable waterborne polyurethane coating modified by bisphenol A [J]. Express Polymer Letters, 2010, 4(11): 704-711.

[131] Franco H, Ferraz A, Milagres A M F, et al. Alkaline sulfite/anthraquinone pretreatment followed by disk refining of Pinus radiata and Pinus caribaea wood chips for biochemical ethanol production [J]. Journal of Chemical Technology and Biotechnology, 2012, 87(5): 651-657.

[132] Fukasawa T, Ando M. Synthesis of porous ceramics with complex pore structure by freeze-dry processing[J]. Journal of the American Ceramic Society, 2001, 84(1): 230-232.

[133] Gao X Y, Zhu Y C, Zhou S, et al. Preparation and characterization of well-dispersed waterborne polyurethane/CaCO$_3$ nanocomposites [J]. Colloids and Surfaces a-Physicochemical and Engineering Aspects, 2011, 377(1-3): 312-317.

[134] Garcia M, Vliet G V, Jain S, et al. Polypropylene/SiO$_2$ nanocomposites with improved mechanical properties [J]. Reviews on Advanced Materials Science, 2004, 2(6): 169-175.

[135] George J, Sreekala M S, Thomas S. A review on interface modification and characterization of natural fiber reinforced plastic composites [J]. Polymer Engineering and Science, 2001, 41(9): 1471-1485.

[136] Gousse C, Chanzy H, Excoffier G, et al. Stable suspensions of partially silylated cellulose whiskers dispersed in organic solvents [J]. Polymer, 2002, 43(9): 2645-2651.

[137] Goyal G C, Lora J H, Pye E K. Autocatalyzed organosolv pulping of hardwoods: effects of pulping conditions on pulp properties and characteristics of soluble and residual lignin [J]. Tappi Journal, 1992, 75(2):110-116.

[138] Gray D G, Roman M. Self-assembly of cellulose nanocrystals: parabolic focal conic films [J]. ACS Symposium Series-Cellulose Nanocomposites, 2006, 938: 26-32.

[139] Gumuskaya E, Usta M, Kirct H. The effects of various pulping conditions on crystalline

structure of cellulose in cotton linters [J]. Polymer Degration and Stability, 2003, 81 (3): 559-564.

[140] Habibi Y, Lucia L A, Rojas O J. Cellulose nanocrystals: chemistry, self-assembly, and applications [J]. Chemical Reviews, 2010, 110(6): 3479-3500.

[141] Hamad W. On the development and applications of cellulosic nanofibrillar and nanocrystalline materials [J]. Canadian Journal of Chemical Engineering, 2006, 84 (5): 513-519.

[142] Han J S, Rowell J S. Chemical composition of fibers, in paper and composites from agro-based resources [M]. London: CRC Press, 1996: 82-131.

[143] Hapuarachchi T D, Ren G, Fan M, et al. Fire retardancy of natural fiber reinforced sheet moulding compound [J]. Applied Composite Materials, 2007, 14(4): 251-264.

[144] Hayashi N, Kondo T, Ishihara M. Enzymatically produced nano-ordered short elements containing cellulose Iβ crystalline domains [J]. Carbohydrate Polymers, 2005, 61(2): 191-197.

[145] Henriksson M, Henriksson G, Berglund L A, et al. An environmentally friendly method for enzyme-assisted preparation of microfibrillated cellulose (MFC) nanofibers [J]. European Polymer Journal, 2007, 43(8): 3434-3441.

[146] Hiltunen M, Siirila J, Aseyev V, et al. Cellulose-g-PDMAam copolymers by controlled radical polymerization in homogeneous medium and their aqueous solution properties [J]. European Polymer Journal, 2012, 48(1): 136-145.

[147] Hinterstoisser B, Salmen L. Application of dynamic 2D FTIR to cellulose [J]. Vibrational Spectroscopy, 2000, 22(1-2): 111-118.

[148] Holbery J, Houston D. Natural-fiber reinforced polymer composites in automotive application [J]. Journal of the Minerals, Metals and Materials Society, 2006, 58(11): 80-86.

[149] Hoyle C E, Kim K J. Effect of crystallinity and flexibility on the photodegradation of polyurethane [J]. Journal of Polymer Science Part A: Polymer Chemistry, 1987, 25(10): 2631-2642.

[150] Hse C Y, Higuchi M. Melamine-bridged alkyl resorcinol modified urea-formaldehyde resin for bonding hardwood plywood [J]. Journal of Applied Polymer Science, 2010, 116 (5): 2840-2845.

[151] Hubbe M A, Rojas O J, Lucia L A, et al. Cellulosic nanocomposites: a review [J]. Bioresources, 2008, 3(3): 929-980.

[152] Irusta L, Fernandez-Berridi M J. Photooxidative behaviour of segmented aliphatic polyurethanes [J]. Polymer Degradation and Stability, 1999, 63(1): 113-119.

[153] Jacoba M, Thomasa S, Varugheseb K T. Mechanical properties of sisal/oil palm hybrid fiber reinforced natural composites [J]. Composites Science and Technology, 2004, 64 (7-8): 955-965.

[154] Jana R N, Bhunia H. Accelerated hygrothermal and UV aging of thermoplastic polyure-thanes [J]. High Performance Polymers, 2010, 22(1): 3-15.

[155] Jiang Y F, Wu G F, Song S P, et al. Synthesis and application of a modifier with low formaldehyde emission to enhance general wood properties [J]. Advanced Materials Research, 2010, 129-131: 1018-1021.

[156] Jonas R, Farah L F. Production and application of microbial cellulose [J]. Polymer Degradation Stability, 1998, 59(1-3): 101-106.

[157] Kakola J, Alen R, Matilainen R. A fast analysis method for aliphatic carboxylic acids in alkaline non-wood cooking liquors [J]. Cellulose Chemistry and Technology, 2008, 42 (4-6): 213-222.

[158] Kamel S. Nanotechnology and its applications in lignocellulosic composites, a mini review [J]. Express Polymer Letters, 2007, 1(9): 546-575.

[159] Kaynak C, Cagatay O. Rubber toughening of phenolic resin by using nitrile rubber and amino silane [J]. Polymer Testing, 2006, 25(3): 296-305.

[160] Ke J, Singh D, Chen S. Aromatic compound degradation by the wood-feeding termite Coptotermes formosanus (Shiraki) [J]. International Biodeterioration and Biodegradation, 2011, 65(6): 744-756.

[161] Kim U J, Eorn S H, Wada M. Thermal decomposition of native cellulose: influence on crystallite size [J]. Polymer Degradation and Stability, 2010, 95(5): 778-781.

[162] Klemm D, Heublein B, Fink H P, et al. Cellulose: fascinating biopolymer and sustainable raw material [J]. Angewandte Chemie-International Edition, 2005, 44(22): 3358-3393.

[163] Kloser E, Gray D G. Surface grafting of cellulose nanocrystals with poly(ethylene oxide) in aqueous media [J]. Langmuir, 2010, 26(16): 13450-13456.

[164] Konegger T, Patidar R, Bordia R K. A novel processing approach for free-standing porous non-oxide ceramic supports from polycarbosilane and polysilazane precursors[J]. Journal of The European Ceramic Society, 2015, 35(9): 2679-2683.

[165] Krenchel H. Fibre reinforcement[M]. Copenhagen: Akademisk Forlag, 1964.

[166] Krishnaprasad R, Veena N R, Maria H J, et al. Mechanical and thermal properties of bamboo microfibril reinforced polyhydroxybutyrate biocomposites [J]. Journal of Polymer and the Environment, 2009, 17(2): 109-114.

[167] Krouit M, Bras J, Belgacem M N. Cellulose surface grafting with polycaprolactone by heterogeneous click-chemistry [J]. European Polymer Journal, 2008, 44(12): 4074-4081.

[168] Kurta S A, Fedorchenko S V, Chaber M V. Investigation of the stability of the modified urea-formaldehyde resin [J]. Polimery, 2004, 49(1): 49-51.

[169] Kvien D, Tanem B S, Oksman K. Characterization of cellulose whiskers and their nano-

composites by atomic force and electron microscopy [J]. Biomacromolecules, 2005, 6 (6): 3160-3165.

[170] Kyung H H, Liu N, Sun G. UV-induced graft polymerization of acrylamide on cellulose by using immobilized benzophenone as a photo-initiator [J]. European Polymer Journal, 2009, 45(8): 2443-2449.

[171] Lan T, Padmananda D K, Thomas J P. Synthesis, characterization and mechanical properties of epoxy-clay nanocomposites [J]. Polymeric Materials Science and Engineering Fall Meeting, 1994, 71: 527-528.

[172] Lan T, Wang Z, Shi H Z, et al. Clay-epoxy nanocomposites: relationship between reinforcement properties and the extent of clay layer exfoliation [J]. Polymeric Materials Science and Engineering Fall Meeting, 1995, 73: 296-297.

[173] Lee S K, Yoon S H, Chung I, et al. Waterborne polyurethane nanocomposites having shape memory effects [J]. Journal of Polymer Science Part A: Polymer Chemistry, 2011, 49(3): 634-641.

[174] Lee S Y, Mohan D J, Kang I A, et al. Nanocellulose reinforced PVA composite films: effects of acid treatment and filler loading [J]. Fibers and Polymers, 2009, 10(1): 77-82.

[175] Levendis D, Pizzi A, Ferg E. The correlation of strength and formaldehyde emission with the crystalline amorphous structure of UF resin [J]. Holzforschung, 1992, 46(3): 263-269.

[176] Li C, Fan H, Wang D Y, et al. Novel silicon-modified phenolic novolacs and their biofiber-reinforced composites: Preparation, characterization and performance [J]. Composites Science and Technology, 2013, 87: 189-195.

[177] Li J B, Zhang M Y, Yang Y L, et al. Research on pollution-free separation of wheat straw cellulose by ethanol/acetic acid solvent system[J]. Advanced Materials Research, 2011, 284-286: 786-790.

[178] Li Y, Ren H F, Ragauskas A J. Rigid polyurethane foam/cellulose whisker nanocomposites: preparation, characterization, and properties [J]. Journal of Nanoscience and Nanotechnology, 2011, 11(8): 6904-6911.

[179] Liao Y C, Wu X F, Wang Z, et al. Composite thin film of silica hollow spheres and waterborne polyurethane: excellent thermal insulation and light transmission performances [J]. Materials Chemistry and Physics, 2012, 133(2-3): 642-648.

[180] Lin N, Huang J, Chang R P, et al. Surface acetylation of cellulose nanocrystal and its reinforcing function in poly (lactic acid) [J]. Carbohydrate Polymers, 2011, 83(4): 1834-1842.

[181] Liu J, Ma D Z. Study on synthesis and thermal properties of polyurethane-imide copolymers with multiple hard segments [J]. Journal of Applied Polymer Science, 2002, 84

(12): 2206-2215.

[182] Liu L, Ye Z P. Effects of modified multi-walled carbon nanotubes on the curing behavior and thermal stability of boron phenolic resin [J]. Polymer Degradation and Stability, 2009, 94(11): 1972-1978.

[183] Liu X H, Zhao Y, Liu Z, et al. Preparation and characterization of modified nano carbon black/polyurethane composites [J]. Chemical Journal of Chinese Universities, 2008, 29 (10): 2096-2100.

[184] Ljungberg N, Bonini C, Bortolussi F, et al. New nanocomposite materials reinforced with cellulose whiskers in stactic polypropylene: effect of surface and dispersion characteristics [J]. Biomacromolecules, 2005, 6(5): 2732-2739.

[185] Luo X G, Liu S L, Zhou J P, et al. In situ synthesis of Fe_3O_4/cellulose microspheres with magnetic-induced protein delivery [J]. Journal of Materials Chemistry, 2009, 19 (21): 3538-3545.

[186] Lychfeldt O, Ferreira J M F. Processing of porous ceramic by starch consolidation[J]. Journal of The European Ceramic Society, 1998, 18(2): 131-140.

[187] Ma H Y, Wei G S, Zhang X H, et al. Study on modification of phenolic resin by elastomeric nanoparticles of nitrile butadiene [J]. Acta Polymerica Sinica, 2005, 1(3): 467-470.

[188] Majoinen J, Walther A, Mckee J R, et al. Polyelectrolyte brushes grafted from cellulose nanocrystals using cumediated surface-initiated controlled radical polymerization [J]. Biomacromolecules, 2011, 12(8): 2997-3006.

[189] Mannisto H, Sebbas E, Westerberg E N. The influence of energy trends on sulfite pulping [J]. Tappi Journal, 1979, 62(8): 31-34.

[190] Mansouri H R, Thomas R R, Garnier S, et al. Fluorinated polyether additives to improve the performance of urea-formaldehyde adhesive for wood panels [J]. Journal of Applied Polymer Science, 2007, 106(3): 1683-1688.

[191] Mathur V K. Composite materials from local resources [J]. Construction and Building Materials, 2006, 20(7): 470-477.

[192] Migneault S, Koubaa A, Riedl B, et al. Potential of pulp and paper sludge as a formaldehyde scavenger agent in MDF resins [J]. Holzforschung, 2011, 65(3): 403-409.

[193] Mills D J, Jamali S S, Paprocka K. Investigation into the effect of nano-silica on the protective properties of polyurethane coatings [J]. Surface and Coatings Technology, 2012, 209:137-142.

[194] Mirabedini S M, Sabzi M, Zohuriaan Mehr J, et al. Weathering performance of the polyurethane nanocomposite coatings containing silane treated TiO_2 nanoparticles [J]. Applied Surface Science, 2011,257(9): 4196-4203.

[195] Mirski R, Dziurka D, Lecka J. Properties of phenol-formaldehyde resin modified with

organic acid esters [J]. Journal of Applied Polymer Science, 2008, 107(5): 3358-3366.

[196] Mohanty A K, Khan M A, Hinrichsen G. Influence of chemical surface modification on the properties of biodegradable jute fabrics-polyester amide composites [J]. Composites Part A: Applied Science and Manufacturing, 2000, 31(2): 143-150.

[197] Mohanty A K, Misra M, Drzal L T. Sustainable bio-composites from renewable resources: opportunities and challenges in the green materials world [J]. Journal of Polymer and the Environment, 2002, 10(1-2): 19-26.

[198] Moiser N, Wyman C, Dale B, et al. Features of promising technologies for pretreatment of lignocellulosic biomass [J]. Bioresource Technology, 2005, 96(6): 673-686.

[199] Mondal S, Hu J L. Structural characterization and mass transfer properties of dense segmented polyurethane membrane: Influence of hard segment and soft segment crystal melting temperature [J]. Polymer Engineering and Science, 2008, 48(2): 233-239.

[200] Moon R J, Frihart C R, Wegner T H. Nanotechnology applications in the forest products industry [J]. Forest Products Journal, 2006, 56(5): 4-10.

[201] Neto P C, Evtuguin D, Robert A. Chemicals generated during oxygen-organosolv pulping of wood [J]. Journal of Wood Chemistry and Technology, 1994, 14(3): 383-402.

[202] Newman R H. Estimation of the lateral dimensions of cellulose crystallites using ^{13}C-NMR signal strength [J]. Solid State Nuclear Magnetic Resonance, 1999, 15(1): 21-29.

[203] Nickerson R F, Habrle J A. Cellulose intercrystalline structure [J]. Industrial & Eanineering Chemistry Research, 1947, 39(1): 1507-1512.

[204] Niemela K, Sjostrom E. The conversion of cellulose into carboxylic acids by a drastic alkali treatment [J]. Biomass, 1986, 11(3): 215-221.

[205] Nikje M M A, Tehrani Z M. Synthesis and characterization of waterborne polyurethane-chitosan nanocomposites [J]. Polymer-Plastics Technology and Engineering, 2010, 49(8): 812-817.

[206] Nitta K, Asuka K, Liu B P, et al. The effect of the addition of silica particles on linear spherulite growth rate of isotactic polypropylene and its explanation by lamellar cluster model [J]. Polymer, 2006, 47(18): 6457-6463.

[207] Nogi M, Iwamoto S, Nakagaito A N, et al. Optically transparent nanofiber paper [J]. Advanced Materials, 2009, 21(16): 1595-1598.

[208] Nogi M, Yano H. Transparent nanocomposites based on cellulose produced by bacteria offer potential innovation in the electronics device industry [J]. Advanced Materials, 2008, 20(10):1849-1852.

[209] Nonaka H, Ariffin H, Funaoka M. Basic characteristics of cellulase immobilized on lignophenol [J]. Kobunshi Ronbunshu, 2011, 68(5): 315-319.

[210] Parameswaran P S, Bhuvaneswary M G, Thachil E T. Control of microvoids in resol phe-

nolic resin using unsaturated polyester [J]. Journal of Applied Polymer Science, 2009, 113(2): 802-810.

[211] Park B D, Kang E C, Park J Y. Thermal curing behavior of modified urea-formaldehyde resin adhesives with two formaldehyde scavengers and their influence on adhesion performance [J]. Journal of Applied Polymer Science, 2008, 110(3): 1573-1580.

[212] Park C H, Kang Y K, Im S S. Biodegradability of cellulose fabrics [J]. Journal of Applied Polymer Science, 2004, 94(1): 248-253.

[213] Park J M, Wang Z J, Kwon D J, et al. Optimum dispersion conditions and interfacial modification of carbon fiber and CNT-phenolic composites by atmospheric pressure plasma treatment [J]. Composites Part B: Engineering, 2012, 43(5): 2272-2278.

[214] Pathak S S, Sharma A, Khanna A S. Value addition to waterborne polyurethane resin by silicone modification for developing high performance coating on aluminum alloy [J]. Progress in Organic Coatings, 2009, 65(2): 206-216.

[215] Pervaiz M, Sain M M. Sgeet-molded polyolefin natural fiber composites for automotive applications [J]. Macromolecular Materials and Engineering, 2003, 288(7): 553-557.

[216] Petersson L, Kvien I, Oksman K. Structure and thermal properties of poly (lactic acid)/cellulose whiskers nanocomposite materials [J]. Composites Science and Technology, 2007, 67(11-12): 2535-2544.

[217] Podczeck F, Maghetti A, Newton J M. The influence of non-ionic surfactants on the rheological properties of drug/microcrystalline cellulose/water mixtures and their use in the preparation and drug release performance of pellets prepared by extrusion/spheronization [J]. European Journal of Pharmaceutical Sciences, 2009, 37(3-4): 334-340.

[218] Qiu F X, Zhang J L, Wu D M, et al. Waterborne polyurethane and modified polyurethane acrylate composites [J]. Plastics Rubber and Composites, 2010, 39(10): 454-459.

[219] Rahman M M, Lee W K. Properties of isocyanate-reactive waterborne polyurethane adhesives: Effect of cure reaction with various polyol and chain extender content [J]. Journal of Applied Polymer Science, 2009, 114(6): 3767-3773.

[220] Rashvand M, Ranjbar Z, Rastegar S. Nano zinc oxide as a UV-stabilizer for aromatic polyurethane coatings [J]. Progress in Organic Coatings, 2011, 71(4): 362-368.

[221] Rek V, Bravar M, Jocic T. Ageing of solid polyester-based polyurethane [J]. Journal of Elastomers and Plastics, 1984, 16: 256-264.

[222] Roman M, Winter W T. Cellulose nanocrystals for thermoplastic reinforcement: effect of filler surface chemistry on composite properties [J]. ACS Symposium Series-Cellulose Nanocomposites, 2006, 938: 99-113.

[223] Rosa M F, Medeiros E S, Malmonge J A, et al. Cellulose nanowhiskers from coconut husk fibers: effect of preparation conditions on their thermal and morphological behavior

[J]. Carbohydrate Polymers, 2010, 81(1): 83-92.

[224] Saadat-Monfared A, Mohseni M, Tabatabaei M H. Polyurethane nanocomposite films containing nano-cerium oxide as UV absorber. Part 1. Static and dynamic light scattering, small angle neutron scattering and optical studies [J]. Colloids and Surfaces a-Physicochemical and Engineering Aspects, 2012, 408: 64-70.

[225] Sadeghifar H, Filpponen I, Clarke S P, et al. Production of cellulose nanocrystals using hydrobromic acid and click reactions on their surface [J]. Journal of Materials Science, 2011, 46(22): 7344-7355.

[226] Saha S, Kocaefe D, Boluk Y, et al. Surface degradation of CeO_2 stabilized acrylic polyurethane coated thermally treated jack pine during accelerated weathering [J]. Applied Surface Science, 2013, 276(1): 86-94.

[227] Saito T, Nishiyama Y, Putaux J L, et al. Homogeneous suspensions of individualized microfibrils from TEMPO-catalyzed oxidation of native cellulose [J]. Biomacromolecules, 2006, 7(6): 1687-1691.

[228] Salla J, Pandey K K, Srinivas K. Improvement of UV resistance of wood surfaces by using ZnO nanoparticles [J]. Polymer Degradation Stability, 2012, 97(4): 592-596.

[229] Samarzija-Jovanovic S, Jovanovic V, Konstantinovic S, et al. Thermal behavior of modified urea-formaldehyde resins [J]. Journal of Thermal Analysis and Calorimetry, 2011, 104(3): 1159-1166.

[230] Schmidt D, Shah D, Giannelis E P. New advances in polymer/layered silicate nanocomposites [J]. Current Opinion in Solid State and Materials Science, 2002, 6(3): 205-212.

[231] Scortanu E, Priscariu C, Caraculacu A A. Study of the mechanical properties of dibenzyl-based polyurethane containing a molecularly dispersed UV absorber [J]. High Performance Polymers, 2004, 16(1): 113-121.

[232] Sha S, Kocaefe D, Krause C, et al. Effect of titania and zinc oxide particles on acrylic polyurethane coating performance [J]. Progress in Organic Coatings, 2011, 70(4): 170-177.

[233] Sharkh B F A, Hamid H. Degradation study of date palm fiber/polypropylene composites in natural and artificial weathering: mechanical and thermal analysis [J]. Polymer Degradation and Stability, 2004, 85(3): 967-973.

[234] She J H, Deng Z Y, Daniel-Doni J. Oxidation bonding of porous silicon carbide ceramics [J]. Journal of Materials Science, 2002, 37(17): 3615-3622.

[235] Shi H Z, Lan T, Thomas J P. Interfacial effects on the reinforcement properties of polymer-organoclay nanocomposites [J]. Chemistry of Materials, 1996, 8(8): 1584-1587.

[236] Shulga G, Vitolina S, Shakels V, et al. Lignin separated from the hydrolyzate of the hydrothermal treatment of birch wood and its surface properties [J]. Cellulose Chemistry

and Technology, 2012, 46(5-6): 307-318.

[237] Siimer K, Kaljuvee T, Pehk T, et al. Thermal behaviour of melamine-modified urea-formaldehyde resins [J]. Journal of Thermal Analysis and Calorimetry, 2010, 99(3): 755-762.

[238] Singh K P, Palmese G R. Enhancement of phenolic polymer properties by use of ethylene glycol as diluents [J]. Journal of Applied Polymer Science, 2004, 91(5): 3096-3106.

[239] Singha A S, Thakur, V. K. Grewiaoptiva fiber reinforced novel, low cost polymer composites [J]. E-Journal of Chemistry, 2009, 6(1): 71-76.

[240] Spence K L, Venditti R A, Habibi Y, et al. The effect of chemical composition on microfibrillar cellulose films from wood pulps: mechanical processing and physical properties [J]. Bioresource Technology, 2010, 101(15): 5961-5968.

[241] Sturcova A, Davies G R, Eichhorn S J. Elastic modulus and stress-transfer properties of tunicate cellulosewhiskers [J]. Biomacromolecule, 2005, 6(2): 1055-1061.

[242] Sumita M, Shizuma T, Miyasaka K, et al. Mechanical properties of drawn poly(methyl methacrylate) filled with ultrafine particles [J]. Polymer Composites, 1986, 7(1): 36-41.

[243] Summersclales J, Dissanayake N P J, Virk A S, et al. A review of based fibers and their composites. Part 1 fibers as reinforcement [J]. Composites Part A: Applied Science and Manufacturing, 2010, 41(10): 1329-1335.

[244] Sun D X, Miao X, Zhang K J, et al. Triazole-forming waterborne polyurethane composites fabricated with silane coupling agent functionalized nano-silica [J]. Journal of Colloid and Interface Science, 2011, 361(2): 483-490.

[245] Sun Y, Lin L, Deng H B, et al. Structure of changes of bamboo cellulose in formic acid [J]. Bioresources, 2008, 3(2): 297-315.

[246] Tasan C C, Kaynak C. Mechanical performance of resol type phenolic resin/layered silicate nanocomposites [J]. Polymer Composites, 2009, 30(3): 343-350.

[247] Thakur V K, Singha A S. Natural fibers-based polymers: Part I—Mechanical analysis of Pine needles reinforced biocomposites [J]. Bulletin of Materials Science, 2010, 33(3): 257-264.

[248] Trindade W G, Hoareau W, Razera I A T, et al. Phenolic thermoset matrix reinforced with sugar cane bagasse fibers: attempt to develop a new fiber surface chemical modification involving formation of quinones followed by reaction with furfuryl alcohol [J]. Macromolecular Materials and Engineering, 2004, 289(8): 728-736.

[249] Ugur S S, Sariisik M, Aktas A H. Nano-TiO_2 based multilayer film deposition on cotton fabrics for UV-protection [J]. Fibers and Polymers, 2011, 12(2): 190-196.

[250] Vassiliou A, Bikiaris D, Pavlidou E. Optimizing melt-processing conditions for the preparation of iPP/fumed silica nanocomposites: morphology, mechanical and gas permeabil-

ity properties [J]. Macromolecular Reaction Engineering, 2007, 1(4): 488-501.

[251] Vincent J F V. Structural biomaterials [M]. Macmillan Press Ltd, London, 1982.

[252] Virk A S, Hall W, Summerscales J. Failure strain as the key design criterion for fracture of natural fiber composites [J]. Composites Science and Technology, 2010, 70(6): 995-999.

[253] Wang B, Sain M. Dispersion of soybean stock-based nanofiber in a plastic matrix [J]. Polymer International, 2007, 56(4): 538-546.

[254] Wang N, Ding E Y, Cheng R. Surface modification of cellulose nanocrystals [J]. Frontiers of Chemical Engineering in China, 2007, 1(3): 228-232.

[255] Wang Q, Chen Q, Zhu J G, et al. Effects of pore shape and porosity on the properties of porous LNKN ceramics as bone substitute[J]. Materials Chemistry and Physics, 2008, 109(2): 488-491.

[256] Wang X, Xing W Y, Song L, et al. Fabrication and characterization of graphene-reinforced waterborne polyurethane nanocomposite coatings by the solgel method[J]. Surface and Coatings Technology, 2012, 206(23):4778-4784.

[257] Wegner T H, Jones P E. Advancing cellulose-based nanotechnology [J]. Cellulose, 2006, 13(2): 115-118.

[258] Wu C S. Renewable resource-based composites of recycled natural fibers and maleated polylactide bioplastic: characterization and biodegradability [J]. Polymer Degradation and Stability, 2009, 94(7): 1076-1084.

[259] Xiao B, Sun X F, Sun R. Chemical structural and thermal characterizations of alkali-soluble lignins and hemicelluloses and cellulose from maize stemsrye straw and rice straw [J]. Polymer Degradation and Stability, 2001, 74(2): 307-319.

[260] Xu G, Shi W F. Synthesis and characterization of hyperbranched polyurethaneacrylates used as UV curable oligomers for coatings [J]. Progress in Organic Coatings, 2005, 52 (2): 110-117.

[261] Xu P J, Yang F P. Modification of phenolic resin composites by hyperbranched polyborate and polybenzoxazine [J]. Polymer Composites, 2012, 33(11): 1960-1968.

[262] Xu S H, Gu J, Luo Y F, et al. Effects of partial replacement of silica with surface modified nanocrystalline cellulose on properties of natural rubber nanocomposites [J]. Express Polymer Letters, 2012, 6(1): 14-25.

[263] Yang J, Ye D Y. Liquid crystal of nanocellulose whiskers grafted with acrylamide [J]. Chinese Chemical Letters, 2012, 23(3): 367-370.

[264] Yang X M, Dai T Y, Lu Y. Polymerization of pyrrole on a polyelectrolyte hollow-capsule microreactor [J]. Polymer, 2006, 47(13): 4596-4602.

[265] Yi J, Xu Q X, Zhang X F, et al. 透射电镜 perature-induced chiral nematicphase changes of suspensions of poly (N, N-dimethylaminoethyl methacrylate)-grafted cellulose

nanocrystals [J]. Cellulose, 2009, 16(6): 989-997.

[266] Yoonessi M, Toghiani H, Wheeler R, et al. Neutron scattering, electron microscopy and dynamic mechanical studies of carbon nanofiber/phenolic resin composites [J]. Carbon, 2008, 46(4): 577-588.

[267] Yu J Y, Li Q, Tang J, et al. A novel technique for making open-cell Al_2O_3-ZrO_2 ceramic foam with plant seed template[J]. China Foundry, 2010, 7(3): 224-229.

[268] Yuan H, Wang C G, Zhang S, et al. Effect of surface modification on carbon fiber and its reinforced phenolic matrix composite [J]. Applied Surface Science, 2012, 259: 288-293.

[269] Yue X, Chen F, Zhou X. Synthesis of lignin-g-MMA and the utilization of the copolymer in PVC/wood composites [J]. Journal of Macromolecular Science Part B: Physics, 2012, 51(2): 242-254.

[270] Zaman M, Xiao H N, Chibante F, et al. Synthesis and characterization of cationically modified nanocrystalline cellulose [J]. Carbohydrate Polymers, 2012, 89 (1-5): 163-170.

[271] Zeng H, Li J, Liu J P, et al. Exchange-coupled nanocomposite magnets by nanoparticle self-assembly [J]. Nature, 2002, 420(6914): 395-398.

[272] Zhang H, Chen H Y, She Y, et al. Anti-yellowing property of polyurethane improved by the use of surface-modified nanocrystalline cellulose [J]. Bioresources, 2014, 9(1): 673-684.

[273] Zhang H, She Y, Song S P, et al. Improvements of mechanical properties and specular gloss of polyurethane by modified nanocrystalline cellulose [J]. Bioresources, 2012, 7 (4): 5190-5199.

[274] Zhang H, She Y, Song S P, et al. Particulate reinforcement and formaldehyde adsorption of modified nanocrystalline cellulose in urea-formaldehyde resin adhesive [J]. Journal of Adhesion Science and Technology, 2012: 1-9.

[275] Zhang H, Zhang J, Pu J W. The properties of organosolv pulp and cellulose from eucalyptus with MK2 [J]. Advanced Materials Research, 2011, 194-196: 2499-2502.

[276] Zhang H, Zhang J, Song S P, et al. Cellulose purified by an efficient and environmental friendly method for the production of nanocrystalline cellulose[J]. Advanced Materials Research, 2012, 393-395: 637-640.

[277] Zhang H, Zhang J, Song S P, et al. Modified nanocrystalline cellulose from two kinds of modifiers used for improving formaldehyde emission and bonding strength of urea-formaldehyde resin adhesive [J]. Bioresources, 2011, 6(4): 4430-4438.

[278] Zhang L H, Zhang H, Guo J S. Synthesis and properties of UV-curable polyester-based waterborne polyurethane/functionalized silica composites and morphology of their nanostructured films[J]. Industrial and Engineering Chemistry Research, 2012, 51(25):

8434-8441.

[279] Zhang S D, Li Y F, Peng L Q, et al. Synthesis and characterization of novel waterborne polyurethane nanocomposites with magnetic and electrical properties[J]. Composites Part A, 2013, 55:94-101.

[280] Zhang S G, Guo Q, Zhao Z P, et al. Microcrystalline cellulose modified waterborne polyurethane [J]. Materials Performance, 2012, 51(4): 35-39.

[281] Zhang Y H, Gu J Y, Tan H Y, et al. Straw based particleboard bonded with composite adhesives [J]. Bioresources, 2011, 6(1): 464-476.

[282] Zhang Y J, Li X F, An Y, et al. Polyimide modified phenolic foam [J]. Acta Polymerica Sinica, 2013(8): 1072-1079.

[283] Zhong L X, Fu S Y, Li F, et al. Chlorine dioxide treatment of sisal fibre: surface lignin and its influences on fibre surface characteristics and interfacial behaviour of sisal fibre/ phenolic resin composites [J]. Bioresources, 2010, 5(4): 2431-2446.

[284] Zhu J Y, Sabo R, Luo X L. Integrated production of nano-fibrillated cellulose and cellulosic biofuel (ethanol) by enzymatic fractionation of wood fibers [J]. Green Chemistry, 2011, 13(5): 1339-1344.

[285] Zhu X L, Jiang X B, Zhang Z G, et al. Preparation and characterization of waterborne polyurethanes modified with bis (3-(1-methoxy-2-hydroxy-propoxy) propyl) terminated polysiloxanes [J]. Chinese Journal of Polymer Science, 2011, 29(2): 259-266.

[286] Zoppe J O, Habibi Y, Rojas O J, et al. Poly(N-isopropylacrylamide) brushes grafted from cellulose nanocrystals via surface-initiated single-electron transfer living radical polymerization [J]. Biomacromolecules, 2010, 11(10): 2683-2691.